작지만 따뜻한 위로
일러스트 자수

작지만 따뜻한 위로

일러스트 자수

노지혜 지음

팜파스

prologue

중학생이 되었을 즈음, 처음으로 자수를 시작했습니다.
특별활동을 정할 때였는데 '십자수'에 호기심이 생겨 친구와 함께 손을 들었
습니다. 하지만 아기가 거품 목욕을 하는 파스텔 톤의 도안은 약간 지루했습
니다. 그러나 처음이라는 설렘으로 한 땀 한 땀 좋은 기억으로 남아 있습니
다. 그것이 학창시절의 처음이자 마지막 자수였습니다.

그 후로 많은 시간이 흘렀습니다. 그림을 그리는 일을 하면서 문득 내가 그린
그림으로 자수를 놓고 싶다는 생각을 하게 되었습니다. 오랫동안 묵혀두었
던 실을 다시 꺼내고 자투리 원단에 연필로 그림을 그렸습니다. 처음에는 이
름조차 몰랐던 백 스티치로 연필 선을 따라 수놓은 것이 다시 시작한 저의 첫
자수였습니다.

무작정해보고 싶다는 마음밖에는 아무것도 없었습니다. 자수 기법들을 하나
둘 익혀가면서 서툴렀던 첫 시작은 많은 시행착오를 거쳐 조금씩 그리고 천
천히 다양한 작품들을 수놓을 수 있게 되었습니다. 그 시간들 속에서 제가 가
장 좋아하고, 가장 몰두할 수 있는 것은 자연스럽게 자수가 되었습니다.
이 책에 담긴 그림 도안과 크고 작은 자수들, 어느 것 하나 저의 애정이 닿지
않은 것이 없습니다. 조금 서툴러도 괜찮습니다. 제가 느꼈던 첫 시작의 설렘
을 전하고 싶습니다.

CONTENTS

Basic
자수를 시작하기 전에

Part·1
작은 자수들

모티브 자수
32

성냥갑
48

입체 꽃 리본
54

입체 꽃병
62

달콤한 디저트
70

싸개단추 브로치
78

캔들
86

Part · 2
자수로 만드는 소품

Part · 3
일러스트 자수

Basic

자수를 시작하기 전에

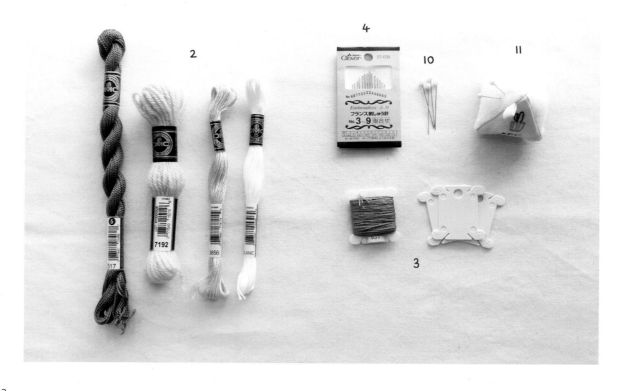

Basic 01
재료와 도구

1 원단

자수를 놓을 원단에 제한은 없으며, 도안의 디자인과 잘 어울리는 원단을 선택해서 수를 놓는 것이 중요합니다. 어느 정도 두께감이 있어야 힘이 있어 자수를 놓기 좋으며, 얇은 원단을 준비했다면 두 겹으로 겹쳐 수를 놓아도 됩니다.

- 광목 : 광목은 16수나 20수 이하가 자수를 놓기에 적당한 두께입니다. 이 책에서 많이 쓰인 내추럴 색감의 광목은 목화씨눈이나 껍질이 걸러지지 않고, 원단에 점처럼 남아서 수를 놓고 나면 좀 더 멋스러운 느낌을 낼 수 있습니다.
- 린넨 : 자수 원단으로 가장 많이 쓰이고, 11수 정도가 자수를 놓기에 적당합니다.
- 펠트지 : 펠트지는 작은 소품을 만들기에 적당합니다. 자수 후 가위로 잘라도 단면이 깔끔해서 후처리가 필요하지 않기 때문에 마무리가 수월합니다. 단, 실을 너무 팽팽하게 당기면, 당김 현상이 나타나기 때문에 최대한 힘을 빼고 부드럽게 수를 놓습니다.
- 접착 펠트지 : 뒷면에 접착제가 묻어 있는 펠트지입니다. 펠트지에 수를 놓은 후, 뒷면에 붙이면 뒷면까지 깔끔하게 처리할 수 있습니다. 또한 펠트지에 수를 놓으면 여백이 우는 현상이 나타날 수 있는데, 뒷면에 접착 펠트지를 붙이고 모양대로 잘라내면 그런 현상이 완화되어 깔끔하게 마무리됩니다.

2 실

자수실은 제조사와 실의 굵기, 특징에 따라 종류가 다양합니다. 그 중 DMC 25번사가 일반적으로 가장 많이 쓰이며 다루기 쉬운 실입니다. 그 외에 4번사, 5번사, 울사 등이 있습니다.

- 25번사 : 한 묶음의 길이가 8m 정도이며, 6가닥으로 이루어진 면사로 필요한 가닥수만큼 뽑아서 사용합니다.
- 4번사 : 5가닥으로 이루어진 면사로 전체를 한 가닥으로 사용합니다. 광택이 거의 없고 25번사보다 두꺼운 실입니다.
- 5번사 : 굵은 꼬임이 있는 면사로 25번사보다 두꺼운 실입니다.
- 울사 : 뜨개실과 같이 톡톡한 느낌의 두꺼운 실입니다. 포근한 겨울 느낌이나 입체적인 질감을 표현할 때 사용하기 좋습니다.

3 보빈

자수실을 감아 정리할 때 사용하는 실패입니다. 소재는 플라스틱과 종이가 있는데, 두꺼운 종이로 만들어 사용할 수도 있습니다.

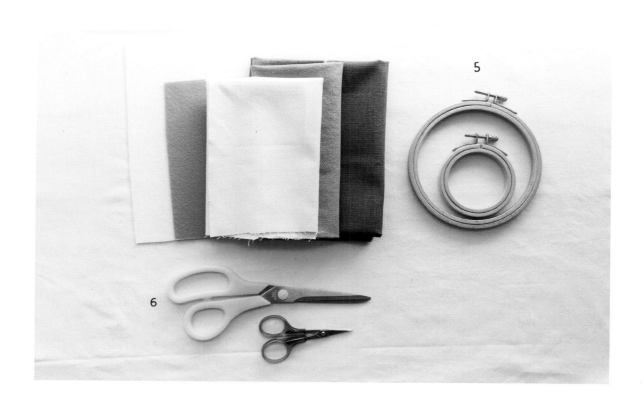

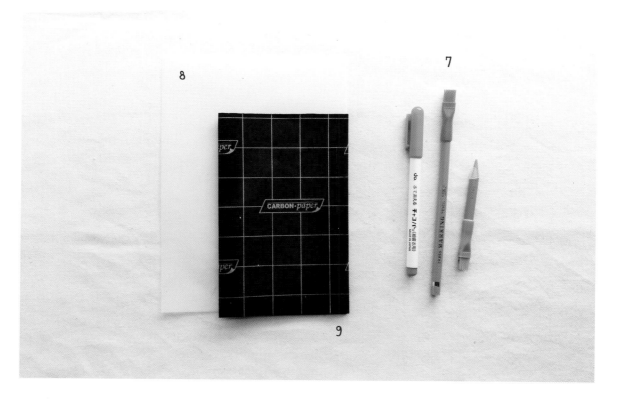

4 바늘

자수용 바늘은 일반 바늘보다 바늘귀가 커서 여러 가닥의 실을 꿰어 쓰기에 용이합니다. 3호부터 10호까지 굵기와 바늘귀의 크기에 따라 다양합니다. 호수가 커질수록 바늘이 가늘어지고 바늘귀도 작아집니다.

5 수틀

틀과 틀 사이에 원단을 끼워 고정시킴으로써 원단을 팽팽하게 유지해 자수를 깔끔하게 완성할 수 있도록 도와줍니다. 나무와 대나무, 플라스틱 등 여러 소재가 있으며, 손바닥 안에 들어오는 작은 사이즈부터 큰 사이즈까지 다양합니다. 도안의 크기에 따라 적당한 사이즈를 선택합니다. 15cm 이하의 수틀이 한 손에 잡고 수놓기에 좋습니다.

6 가위

가위는 재단가위와 자수용 가위가 있습니다. 재단가위는 원단을 자를 때 사용하고, 자수용 가위는 자수실을 자를 때나 섬세한 작업을 요할 때 사용합니다. 그리고 자수를 실수했을 때, 실뜯개(실을 뜯는 도구)가 따로 없는 경우 자수용 가위를 대신 사용할 수 있습니다.

7 펜

• 수성펜(기화펜) : 물을 적시면 지워지는 자수 전용 펜으로 자수 후 깔끔한 마무리가 용이합니다. 선을 진하게 그었을 때는 물을 듬뿍 적셔주고, 간혹 마른 후에 얼룩처럼 펜의 흔적이 남으면 잉크가 날아갈 때까지 물을 충분히 적셔줍니다. 반대로 습도에 따라 시간이 지날수록 펜 선이 흐려질 수가 있기 때문에 수성펜으로 그린 라인 전체를 먼저 수놓고 면을 채우는 것도 하나의 방법입니다.

• 초크펜 : 색연필과 같이 생긴 초크펜으로 수성펜을 사용할 수 없는 어두운 색감의 원단에 사용합니다.

8 트레이싱지

비치는 특성을 가진 종이로 도안을 원단에 옮기는 과정 중에 사용합니다. 도안 아래에 바로 먹지를 깔고 원단에 그려도 되지만, 원본 도안의 훼손을 방지하기 위해 트레이싱지에 옮겨서 먹지를 사용합니다.

9 먹지

도안을 원단에 옮길 때 사용합니다. 원단 위에 먹지를 깔고 그 위에 도안을 베껴 그린 트레이싱지를 올린 후, 도안 선을 연필로 덧 그려주면 원단에 먹 자국이 남으면서 도안이 그려집니다. 세탁을 해도 흔적이 남을 수 있기 때문에 너무 힘주어 그리지 않도록 유의합니다.

10 시침핀

시침핀은 한쪽만 침으로 이루어진 핀입니다. 소품을 만들 때, 두 겹의 원단을 바느질해야 할 경우 고정되도록 꽂아 사용합니다.

11 핀쿠션

바늘이나 시침핀을 꽂아두기 위해 사용되는 작은 바늘꽂이입니다. 속은 솜으로 채워져 있어서 쿠션감이 있습니다.

Basic 02
자수의 기초

원단 준비하기

- 면이나 린넨은 자수를 놓은 후 세탁하면 수축 현상이 일어날 수 있습니다. 이를 방지하기 위해 원단을 선세탁한 후 자수를 놓습니다.
- 구김이 간 원단은 다림질한 후 자수를 놓는 것이 좋습니다. 구김이 있는 원단은 도안이 정확히 옮겨지지 않기 때문입니다. 또한 자수 후에 다림질할 경우 실에 열이 닿으면 번들거리는 광택을 띠게 되어 회복이 힘듭니다.

원단에 도안 그리기

- 수성펜 : 도안을 보고 수성펜으로 원단에 직접 따라 그리는 방법입니다. 복잡한 도안일 경우 정확한 도안 그리기가 힘들 수도 있습니다.

- 먹지와 트레이싱지 : 먹지를 대고 도안을 따라 덧그려 원단에 옮기는 방법입니다. 우선 도안 위에 트레이싱지를 올리고 연필로 베껴 그립니다. 그리고 원단 위에 먹지와 트레이싱지를 순서대로 올립니다. 그리는 동안 움직이지 않도록 테이프나 시침핀으로 사방을 고정시키고, 약간의 힘을 주어 트레이싱지에 베껴 그린 도안을 덧그립니다. 먹지로 인한 원단의 이염을 방지하지 위해 전체적인 선만 대략적으로 옮기고, 세세한 부분은 도안을 보고 수성펜으로 그립니다.

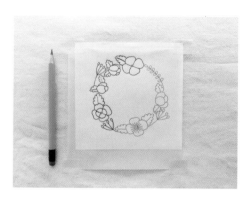 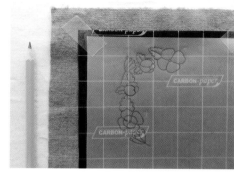

수틀 사용하기 수틀은 나사 달린 고리와 고리로 구성되어 있습니다. 우선 나사를 풀어 두 개의 고리를 분리하고, 고리 위에 원단을 올립니다. 그리고 나사 달린 고리를 원단 위로 누르듯이 끼워 맞추고 나사를 조입니다. 덜 당겨진 부분은 원단을 약하게 당겨서 팽팽하게 펴지도록 고정시킵니다.

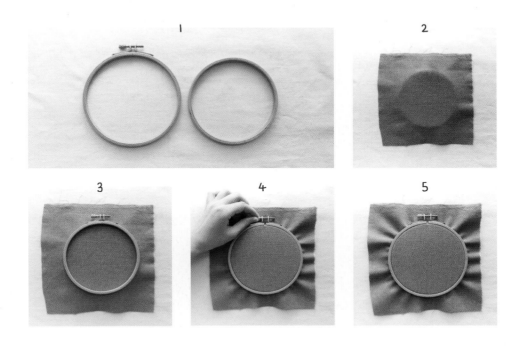

자수실 사용하기 일반적으로 주로 사용되는 25번사의 경우 필요한 만큼 자르고, 필요한 가닥수만큼 뽑아 사용합니다. 보통 50cm 전후가 적당한데, 너무 길면 엉킴이 생겨 실수가 잦아질 수 있습니다. 실을 뽑을 때는 필요한 가닥수를 가르듯이 분리해서 엉키지 않게 천천히 빼냅니다.

※이 책에서는 DMC 25번사만 사용하였습니다.

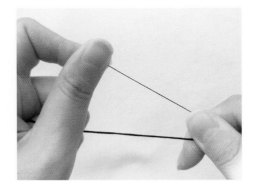

보빈에 실 감기 반으로 접혀 있는 형태의 자수실 타래를 둥그렇게 벌린 후, 자수실의 끝을 보빈의 구멍에 넣고 천천히 감아줍니다. 다 감은 후 자수실의 끝을 보빈의 홈에 끼우고 자수실 번호를 적습니다.

tip. 컵같이 무게감이 있는 물건에 자수실 타래를 걸어놓고 감으면 엉킴 없이 수월하게 감을 수 있습니다.

바늘 사용하기 실의 가닥 수에 따라 바늘을 선택합니다. 가닥 수에 비해 바늘이 굵으면 원단에 구멍이 생길 수가 있고, 반대로 얇으면 실이 통과하기 힘듭니다. 1~2가닥은 7~9호 바늘, 3~4가닥은 5~6호 바늘, 5~6가닥은 3~4호 바늘을 선택합니다.

매듭짓기 바늘귀에 실을 통과시킨 후, 한손에는 긴 쪽 실을 잡고 다른 손에는 긴 쪽 실 끝을 바늘과 검지 사이에 눌러 잡습니다. 그리고 긴 쪽 실을 바늘에 1~2회 정도 감아줍니다. 감는 횟수가 많을수록 매듭의 크기도 커집니다. 엄지와 검지로 감은 실을 잡고 실의 전체가 통과할 때까지 바늘을 빼냅니다. 매듭이 생기면 끄트머리 실을 짧게 잘라줍니다.

 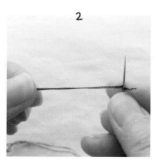 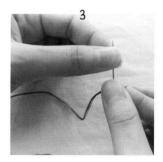

자수 놓기 도안의 각 기법과 실 번호, 가닥 수를 잘 구분하여 수를 놓습니다. 실을 너무 세게 당기며 수를 놓으면 완성했을 때 원단이 당기거나 우는 현상이 생길 수 있습니다. 그렇기 때문에 부드럽고 천천히 수를 놓는 것이 중요합니다.

마무리하기 자수가 끝나면 원단 뒷면으로 바늘을 빼내고, 바로 앞 스티치와 원단 사이로 바늘을 통과시킵니다. 실을 끝까지 빼내기 전에 고리가 생기면 그 고리에 바늘을 통과시키고 잡아당겨 매듭을 만들어줍니다. 그리고 2~3회 정도 위, 아래로 앞 스티치에 바늘을 통과를 시킨 후, 실을 바짝 잘라 마무리합니다.

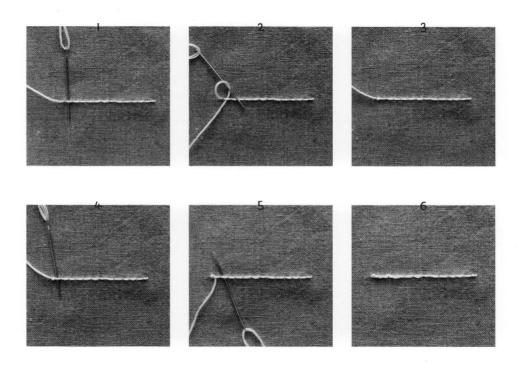

자수 후 다림질하기 다리미의 열이 직접 닿으면 자수실은 번들거리는 광택을 내면서 납작하게 눌리게 됩니다. 이런 현상은 회복이 어렵기 때문에 반드시 뒷면에서 다림질해야 합니다. 여백을 먼저 다려주고, 수놓은 부분은 되도록 피해가며 다림질합니다. 이때 원단 아래에 타월을 두세 겹 정도 깔고 다림질을 하면 자수의 눌림이 덜해서 볼륨감이 유지될 수 있습니다.

Basic 03
이 책에 사용한 스티치

백 스티치

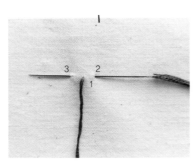

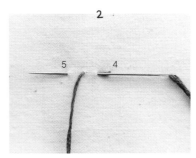

시작점으로부터 한 땀 안쪽에서 시작합니다. 1번으로 나온 후, 되돌아가 2번(시작점)으로 바늘을 꽂아 넣어 3번으로 빼냅니다.

두 번째 땀도 4번으로 되돌아가 5번으로 빼기를 반복합니다. 앞의 땀과 같은 구멍에 바늘을 꽂아야 깔끔한 모양의 스티치가 됩니다.

스트레이트 스티치

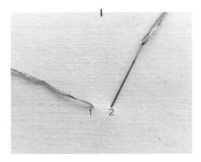

한 땀으로 표현하는 스티치입니다. 1번으로 나와서 2번으로 꽂아 넣어 마무리합니다.

아우트라인 스티치

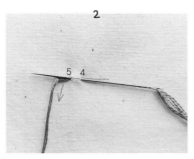

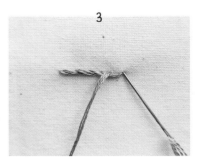

실은 처음부터 끝까지 같은 방향이어야 하는데, 보통은 아래로 두는 것이 편합니다. 1번으로 나온 후, 실을 아래로 잡고 2번으로 꽂아 넣어 3번(1번 구멍이나 살짝 옆)으로 빼냅니다.

실을 아래로 잡고, 4번으로 꽂아서 5번으로 빼내는 것을 반복합니다.

마지막 땀의 구멍에 꽂아 마무리합니다.

레이지 데이지 스티치

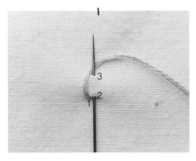

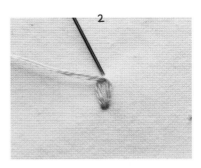

1번으로 나온 후, 2번과 3번으로 반 정도 통과시켜 바늘 아래에 실을 걸고 빼냅니다. 1번과 2번은 최대한 간격 없이 붙입니다.

고리가 생기면 바로 위 중앙에 바늘을 꽂아 넣어 고정시키고 마무리합니다.

체인 스티치

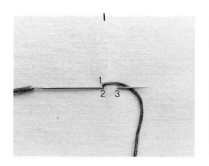

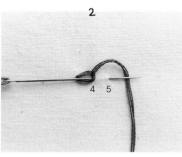

1번으로 나온 후, 2번과 3번으로 절반 정도 통과시켜 바늘 아래에 실을 걸고 빼냅니다. 1번과 2번은 최대한 간격 없이 붙입니다.

고리 안쪽 4번에 꽂아 넣어서 5번으로 반 정도 통과시킨 후, 바늘 아래에 실을 걸고 빼냅니다.

마지막 고리의 바로 위 중앙에 바늘을 꽂아 넣어 고정시키고 마무리합니다.

새틴 스티치

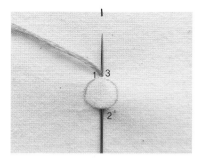

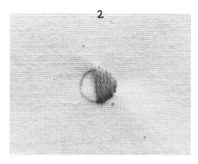

도안의 가운데 지점인 1번으로 나온 후, 2번으로 꽂아 넣어 3번으로 빼냅니다.

1번 순서를 반복해서 절반을 먼저 채운 후, 다시 1번으로 바늘을 빼내서 나머지 면을 같은 방법으로 스티치합니다.

블랭킷 스티치

_ 원단 면에 스티치할 때

I

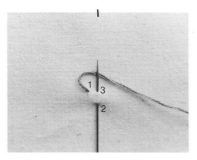

2

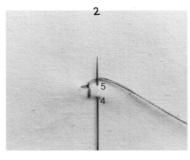

3

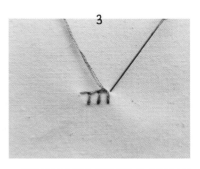

1번(시작점)으로 나온 후, 1번과 대각선 아래쪽 2번에서 3번으로 절반 정도 통과시키고 바늘 아래에 실을 걸어 빼냅니다. 1번과 2, 3번의 간격이 좁을수록 촘촘한 스티치가 됩니다. (※이 책에서는 간격 없이 촘촘히 수놓았습니다.)

4번과 5번으로 통과시키고 실을 걸어 빼냅니다. 동일한 간격을 유지하며 반복합니다.

고리의 모서리 바로 옆에 바늘을 꽂아 넣어 고정시키고 마무리합니다.

_ 원단 테두리에 스티치할 때

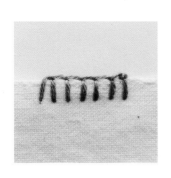

I

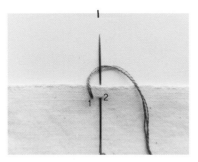

2

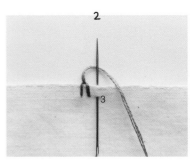

1번으로 나온 후, 2번으로 반 정도 꽂아 넣고 바늘 아래에 실을 걸어 빼냅니다. (※이 책에서는 1, 2번을 간격 없이 촘촘히 수놓았습니다.)

3번으로 절반 정도 꽂아 넣은 후, 바늘 아래에 실을 걸고 빼냅니다. 동일한 간격을 유지하며 반복합니다.

3

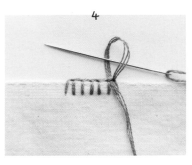
4

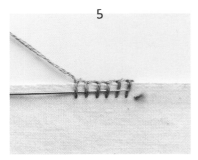
5

스티치가 끝나면 위쪽의 마지막 고리에 뒤에서 앞으로 바늘을 넣습니다.

실을 끝까지 빼기 전에 고리가 생기면 그 고리에 바늘을 통과시킨 후, 끝까지 당겨 매듭을 만듭니다.

뒷면 쪽에서 스티치에 바늘을 통과시킨 후, 실을 잘라내 마무리합니다.

프렌치 노트 스티치

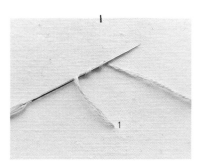
1

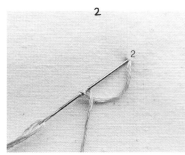
2

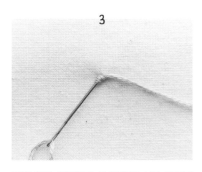
3

1번으로 나온 후, 바늘에 원하는 횟수만큼 실을 감습니다. 많이 감을수록 크기가 커집니다.

감은 실이 풀리지 않도록 잘 잡고 1번에서 살짝 옆, 2번에 바늘을 절반 정도만 꽂아 넣습니다.

감긴 실이 씨앗처럼 될 때까지 실을 잡아당겨서 면에 붙게 한 후 바늘을 뒷면으로 빼냅니다.

롱 앤드 쇼트 스티치

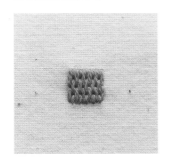

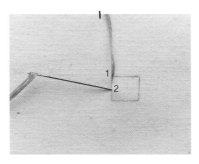

1번으로 나온 후, 2번으로 꽂아 넣습니다.

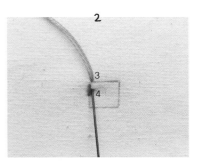

3번으로 나온 후, 첫 번째 땀의 절반 정도 길이가 되도록 4번에 꽂아 넣습니다. 롱 스티치와 쇼트 스티치를 번갈아가며 반복해서 첫줄을 수놓습니다.

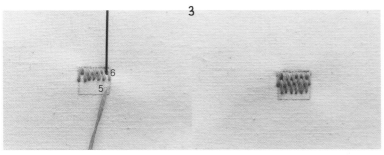

두 번째 줄부터는 앞줄의 짧은 땀 아래에만 롱 스티치를 합니다. 짧은 땀 아래 5번으로 나와서 6번으로 꽂아 넣습니다. 5, 6번을 반복해서 면을 채웁니다.

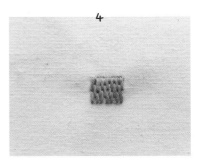

마지막 줄에 짧은 구간만 남으면 쇼트 스티치로 채워 마무리합니다.

리프 스티치

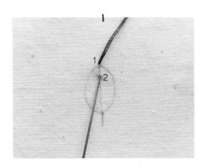

나뭇잎의 뾰족한 부분부터 시작합니다. 1번으로 나온 후, 2번으로 꽂아 넣습니다.

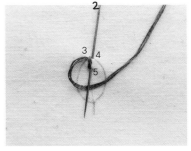

가운데 선을 기준으로 3번으로 나온 후, 맞은편 4번에서 5번(2번 바로 아래)으로 바늘을 절반 정도 통과시킵니다. 그리고 바늘 아래에 실을 걸어 빼냅니다.

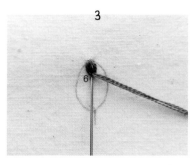

3

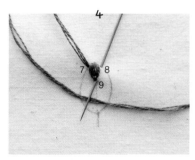

4

고리가 생기면 바로 아래 6번에 바늘을 꽂아 넣어 고정시킵니다.

같은 방법으로 7번으로 나온 후, 8번과 9번으로 바늘을 통과시켜 실을 걸어 빼내고 고리를 고정시킵니다. 이 순서를 반복해서 면을 채웁니다.

크로스 스티치

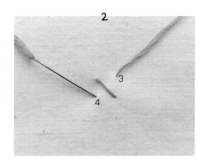

1

2

1번으로 나온 후, 2번으로 꽂아 넣습니다.

3번(1, 2번이 직각으로 만나는 지점)으로 나온 후, 4번으로 꽂아 넣습니다.

더블 크로스 스티치

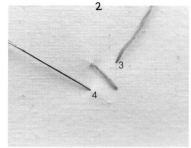

1

2

1번으로 나온 후, 2번으로 꽂아 넣습니다.

3번(1, 2번이 직각으로 만나는 지점)으로 나온 후, 4번으로 꽂아 넣습니다.

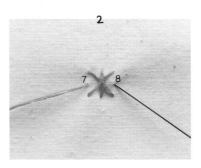

5번(2, 4번의 중심)으로 나온 후, 6번으로 꽂아 넣습니다.

7번(1, 4번의 중심)으로 나온 후, 8번으로 꽂아 넣습니다.

소품 만들기에 사용된 바느질법

공그르기 창구멍을 막는 방법으로 실이 겉으로 보이지 않도록 시접 안쪽으로 떠서 꿰매는 바느질법입니다.

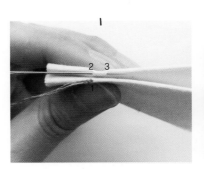

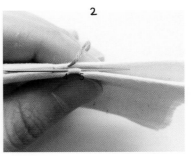

매듭이 밖에서 보이지 않도록 한쪽 면의 시접 안에서 겉으로 바늘을 꽂아 1번으로 나옵니다. 그리고 바로 맞은편 2번으로 바늘을 꽂아 넣어 3번으로 빼냅니다. (※실은 원단과 같은 색의 재봉실을 사용합니다.)

3번의 맞은편인 4번으로 꽂아 넣어 5번으로 빼냅니다. 일정한 간격을 유지하며 윗면, 아랫면을 번갈아 반복합니다.

Basic 04
이 책에서 많이 쓰이는 도안 자수 TIP

나뭇잎
체인 스티치하기

1. 나뭇잎의 가운데 라인을 중심으로 그림과 같이 칸을 나누어 선을 그으면 수월하게 자수를 놓을 수 있습니다. 순서대로 한 칸씩 면을 채워나갑니다.

2. ❶ 아래에서 위로, ❷ 위에서 아래로, ❸ 아래에서 위로, ❹ 위에서 아래로 모양을 잡아가며 수를 놓습니다. 마지막 ❹번은 ❶번의 끝에서부터 빈틈없이 시작합니다. 나뭇잎의 크기에 따라 이 과정을 더하거나 줄여 반복합니다.

1

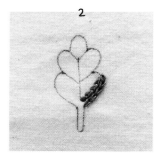

2

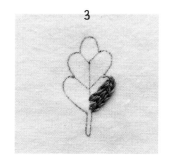

3

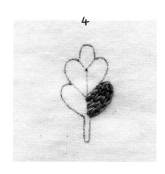

4

하트 모양 꽃잎
체인 스티치하기

1. 하트 모양의 꽃잎은 가운데 들어간 지점을 중심으로 한쪽씩 수를 놓습니다.

2. 순서대로 ❶ 가운데를 위에서 아래로 수놓고, ❷ 왼쪽의 아래에서 위로, ❸ 오른쪽의 위에서 아래로 수놓습니다. 꽃잎의 크기에 따라 ❷, ❸번 순서를 더하거나 줄입니다.

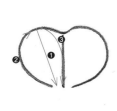

동그란 모양 꽃잎 체인 스티치하기

순서대로 ❶ 가운데를 아래에서 위로 수놓고, ❷ 왼쪽 라인을 따라 위에서 아래로, ❸ 오른쪽 라인을 따라 아래에서 위로 수놓습니다. 그리고 나머지 빈틈 ❹, ❺번을 채웁니다. 꽃잎의 크기에 따라 ❹, ❺번 순서를 더하거나 줄입니다.

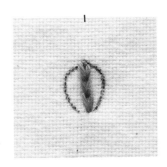

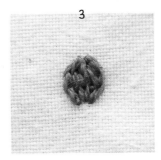

원 형태 스티치하기

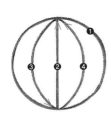

1. 면적이 넓은 원 형태는 모양을 고르게 수놓기가 어려울 수 있습니다. 때문에 면적을 나누어 수를 놓습니다. 그림과 같이 가운데에 직선을 긋고 원의 윤곽을 따라 곡선을 그려 면적을 나누어줍니다.

2. 순서대로 ❶ 외곽 라인을 먼저 수놓은 후, ❷ 가운데 직선을 아래에서 위로, ❸ 왼쪽 곡선을 위에서 아래로, ❹ 오른쪽 곡선을 아래에서 위로 수놓습니다. 그리고 나머지 면을 근접한 라인의 모양과 비슷하게 수놓아 채워줍니다.

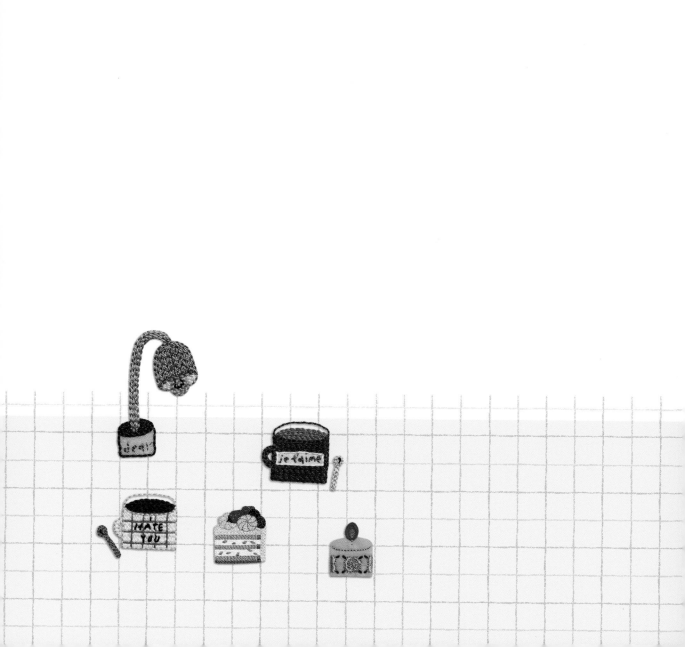

Part·1
작은 자수들

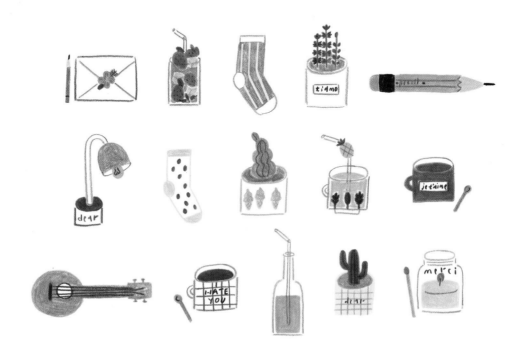

모티브 자수

15종의 작은 모티브 도안입니다. 우리 주변의 소소한 것들
혹은 내가 좋아하는 물건들을 손바닥 안에 쏙 들어오는 작
은 크기로 수놓아보세요. 뒷면에 브로치나 마그넷을 붙여
다양하게 활용할 수 있습니다.

How to make
• 스티치 | 도안 •

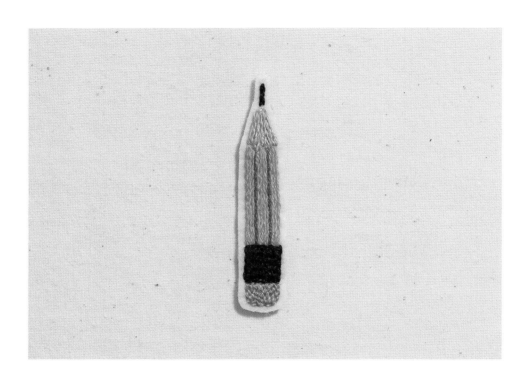

연필

사용된 원단

펠트지(크림색)

사용된 실

DMC 25번사 : 310, 437, 741, 918, 3712

사용된 스티치

롱 앤드 쇼트 스티치, 백 스티치, 아우트라인 스티치, 체인 스티치

수놓기

연필자루는 면(741)을 먼저 채운 후, 가운데 라인(918)을 수놓습니다.

※도안 설명은 스티치→실 번호→(실의 가닥 수)로 표기했습니다.

예) 아우트라인s 437(2) : 437번 실 2가닥으로 아우트라인 스티치를
합니다.

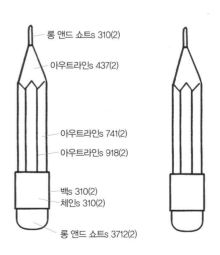

롱 앤드 쇼트s 310(2)

아우트라인s 437(2)

아우트라인s 741(2)

아우트라인s 918(2)

백s 310(2)
체인s 310(2)

롱 앤드 쇼트s 3712(2)

How to make
· 스티치 | 도안 ·

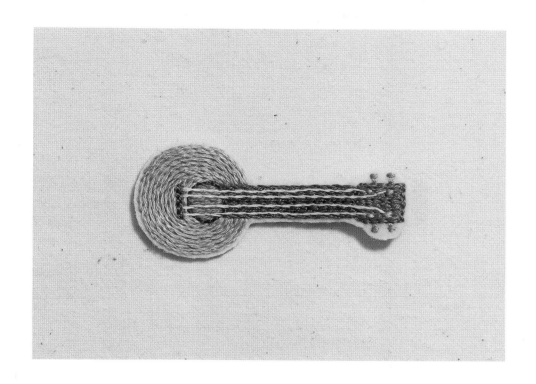

기타

사용된 원단
펠트지(크림색)

사용된 실
DMC 25번사 : 168, 317, 318, 435, 437, 783, 839, white

사용된 스티치
롱 앤드 쇼트 스티치, 백 스티치, 새틴 스티치, 아우트라인 스티치,
체인 스티치

수놓기
· 몸체 부분은 바깥쪽에서 안쪽으로 둥글게 둘러가며 아우트라인
  스티치를 합니다.
· 기타 줄은 1가닥으로 가장 나중에 아우트라인 스티치를 합니다.

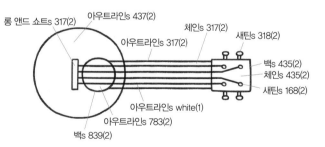

롱 앤드 쇼트s 317(2)　　아우트라인s 437(2)
　　　　　　　　　　　　아우트라인s 317(2)
　　　　　　　　　　　　　　체인s 317(2)
　　　　　　　　　　　　　　　　새틴s 318(2)
　　　　　　　　　　　　　　　　백s 435(2)
　　　　　　　　　　　　　　　　체인s 435(2)
　　　　　　　　　　　　　　　　새틴s 168(2)
아우트라인s white(1)
아우트라인s 783(2)
백s 839(2)

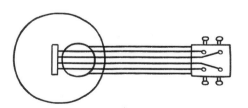

35

스탠드

사용된 원단
펠트지(크림색)

사용된 실
DMC 25번사 : 310, 318, 414, 648, 699, 725,
white

사용된 스티치
롱 앤드 쇼트 스티치, 백 스티치, 체인 스티치

수놓기
• 영어 레터링은 1가닥의 실로 한 땀을 약
  1mm 정도로 촘촘히 수놓고, 바탕 면은 비워
  둡니다.
• 전구는 필라멘트를 먼저 백 스티치한 후, 면
  을 채웁니다.

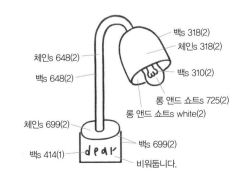

체인s 648(2)
백s 648(2)
백s 318(2)
체인s 318(2)
백s 310(2)
롱 앤드 쇼트s 725(2)
롱 앤드 쇼트s white(2)
체인s 699(2)
백s 414(1)
백s 699(2)
비워둡니다.

How to make
• 스티치 | 도안 •

스트라이프 양말

사용된 원단
펠트지(크림색)

사용된 실
DMC 25번사 : 318, 745, white

사용된 스티치
아우트라인 스티치, 체인 스티치

수놓기
체인 스티치로 면을 먼저 채운 후, 줄무늬는 아우트라인 스티치합니다.

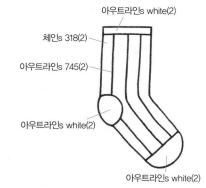

아우트라인s white(2)
체인s 318(2)
아우트라인s 745(2)
아우트라인s white(2)
아우트라인s white(2)

도트 양말

사용된 원단
펠트지(크림색)

사용된 실
DMC 25번사 : 745, 803, white

사용된 스티치
새틴 스티치, 아우트라인 스티치, 체인 스티치

수놓기
도트 패턴을 먼저 수놓은 후, 면을 채웁니다.

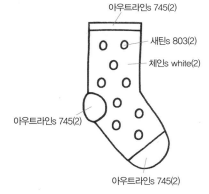
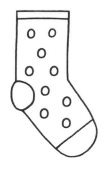

아우트라인s 745(2)
새틴s 803(2)
체인s white(2)
아우트라인s 745(2)
아우트라인s 745(2)

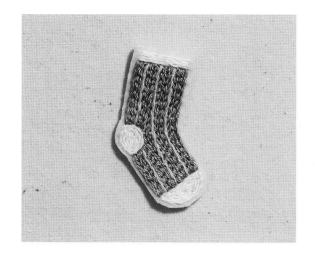
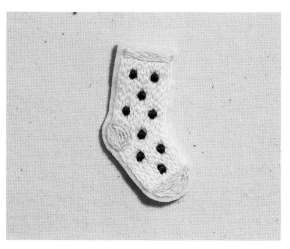

How to make

• 스티치 | 도안 •

je t'aime 컵

사용된 원단

펠트지(크림색)

사용된 실

DMC 25번사 : 310, 317, 415, 435, 3051, white

사용된 스티치

롱 앤드 쇼트 스티치, 백 스티치, 아우트라인 스티치, 체인 스티치

수놓기

• 컵 전체 라인을 먼저 백 스티치하고, 면을 체인 스티치로 채웁니다.
• 영어 레터링은 한 땀을 약 1mm 정도로 촘촘히 수놓습니다.
• 영어 레터링의 바탕 면과 컵의 안쪽 면은 비워둡니다.

How to make
• 스티치 | 도안 •

I HATE YOU 컵

사용된 원단
펠트지(크림색)

사용된 실
DMC 25번사 : 310, 415, 435, 798, 898, white

사용된 스티치
롱 앤드 쇼트 스티치, 백 스티치, 아웃트라인 스티치, 체인 스티치

수놓기
- 컵 전체 라인을 백 스티치로 먼저 수놓습니다.
- 영어 레터링→체크 패턴 순으로 수놓고, 나누어진 칸을 롱 앤드 쇼트 스티치로 채웁니다.
- 영어 레터링은 한 땀을 약 1mm 정도로 촘촘히 수놓습니다.
- 컵의 안쪽 면은 비워둡니다.

백s 415(2) · 비워둡니다.
체인s 898(2)
아웃트라인s 798(1)
백s 310(2)
롱 앤드 쇼트s white(2)
백s 310(2)
롱 앤드 쇼트s 435(2)

How to make

•스티치 | 도안•

체크 선인장

사용된 원단
펠트지(크림색)

사용된 실
DMC 25번사 : 437, 3345, 3364, 3824, white

사용된 스티치
롱 앤드 쇼트 스티치, 아우트라인 스티치, 체인 스티치

수놓기
화분 외곽 라인을 아우트라인 스티치한 후, 면을 체인 스티치로 채웁니다.
그리고 그 위로 체크 패턴을 아우트라인 스티치합니다.

롱 앤드 쇼트s 3364(1)
체인s 3345(2)
롱 앤드 쇼트s 437(2)
체인s 3824(2)
아우트라인s 3824(2)
아우트라인s white(2)

아이스크림 선인장

사용된 원단
펠트지(크림색)

사용된 실
DMC 25번사 : 436, 732, 733, 818, 3733, 3825, 3856

사용된 스티치
롱 앤드 쇼트 스티치, 백 스티치, 아우트라인 스티치, 체인 스티치

수놓기
화분의 외곽 라인을 아우트라인 스티치한 후, 아이스크림을 수놓습니다.
그리고 면을 세로로 아우트라인 스티치합니다.

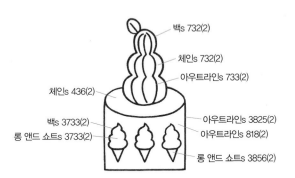

백s 732(2)
체인s 732(2)
아우트라인s 733(2)
체인s 436(2)
백s 3733(2)
롱 앤드 쇼트s 3733(2)
아우트라인s 3825(2)
아우트라인s 818(2)
롱 앤드 쇼트s 3856(2)

How to make
• 스티치 | 도안 •

라벤더 화분

사용된 원단
펠트지(크림색)

사용된 실
DMC 25번사 : 210, 310, 367, 436, 553, 648, 700, 3835

사용된 스티치
레이지 데이지 스티치, 롱 앤드 쇼트 스티치, 백 스티치, 새틴 스티치,
아웃트라인 스티치, 체인 스티치

수놓기
• 화분 외곽 라인을 백 스티치한 후, 면을 세로로 체인 스티치합니다.
• 영어 레터링은 실 1가닥으로 한 땀을 약 1mm 정도로 촘촘히 수놓고,
  바탕 면은 비워둡니다.

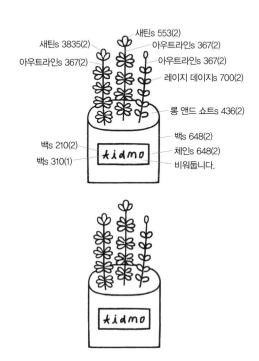

How to make

• 스티치 | 도안 •

캔들

사용된 원단

펠트지(크림색)

사용된 실

DMC 25번사 : 318, 415, 436, 648, 745, 817, 971, 3799, 3890

사용된 스티치

롱 앤드 쇼트 스티치, 백 스티치, 아우트라인 스티치, 체인 스티치

수놓기

• 초는 체인 스티치를 하되, 양옆 라인은 백 스티치를 합니다.

• 영어 레터링은 한 땀을 약 1mm 정도로 촘촘히 수놓습니다.

• 병은 라인만 수놓습니다.

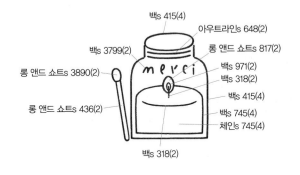

백s 415(4)

아우트라인s 648(2)

백s 3799(2)

롱 앤드 쇼트s 817(2)

롱 앤드 쇼트s 3890(2)

백s 971(2)

백s 318(2)

롱 앤드 쇼트s 436(2)

백s 415(4)

백s 745(4)

체인s 745(4)

백s 318(2)

How to make
• 스티치 | 도안 •

오렌지 주스

사용된 원단
펠트지(흰색)

사용된 실
DMC 25번사 : 415, 741, 3890

사용된 스티치
백 스티치, 스트레이트 스티치, 아우트라인 스티치, 체인 스티치

수놓기
• 주스→빨대→병 순서로 수놓습니다.
• 주스는 체인 스티치를 하고, 위아래 라인은 백 스티치합니다.

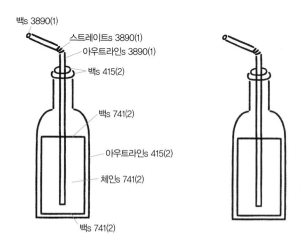

백s 3890(1)
스트레이트s 3890(1)
아우트라인s 3890(1)
백s 415(2)
백s 741(2)
아우트라인s 415(2)
체인s 741(2)
백s 741(2)

How to make
• 스티치 | 도안 •

딸기 에이드

사용된 원단
펠트지(흰색)

사용된 실
DMC 25번사 : 168, 318, 352, 700, 702, 747, 817, 3890, ECRU

사용된 스티치
롱 앤드 쇼트 스티치, 리프 스티치, 백 스티치, 새틴 스티치, 스트레이트 스티치, 아우트라인 스티치, 체인 스티치

수놓기
• 컵의 입구 라인은 딸기와 얼음 위로 겹쳐지도록 가장 나중에 수놓습니다.
• 표기가 된 나뭇잎은 모두 700번으로 수놓습니다.

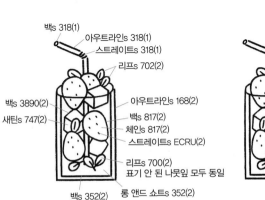

백s 318(1)
아우트라인s 318(1)
스트레이트s 318(1)
리프s 702(2)
백s 3890(2)
아우트라인s 168(2)
새틴s 747(2)
백s 817(2)
체인s 817(2)
스트레이트s ECRU(2)
리프s 700(2)
표기 안 된 나뭇잎 모두 동일
백s 352(2)
롱 앤드 쇼트s 352(2)

How to make

• 스티치 | 도안 •

파인애플 주스

사용된 원단

펠트지(흰색)

사용된 실

DMC 25번사 : 163, 414, 415, 435, 444, 702, 725, 727

사용된 스티치

롱 앤드 쇼트 스티치, 리프 스티치, 백 스티치, 아우트라인 스티치, 체인 스티치

수놓기

• 컵의 입구 라인은 빨대 위로 겹쳐지는 부분과 빨대에 가려지는 부분을 구분해서 수놓아야 합니다. 입구 앞쪽 라인을 제외한 전체 컵 라인→나뭇잎 무늬→주스→파인애플→빨대→입구 앞쪽 라인 순서로 수놓습니다.

• 파인애플은 면을 롱 앤드 쇼트 스티치로 채운 후, 체크무늬는 아우트라인 스티치합니다.

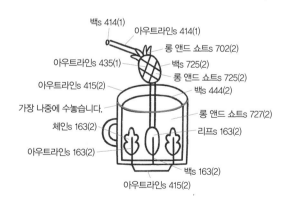

백s 414(1)
아우트라인s 414(1)
롱 앤드 쇼트s 702(2)
아우트라인s 435(1)
백 725(2)
아우트라인s 415(2)
롱 앤드 쇼트s 725(2)
백 444(2)
가장 나중에 수놓습니다.
롱 앤드 쇼트s 727(2)
체인 163(2)
리프 163(2)
아우트라인s 163(2)
백s 163(2)
아우트라인s 415(2)

How to make
• 스티치 | 도안 •

편지와 연필

사용된 원단
펠트지(크림색)

사용된 실
DMC 25번사 : 210, 415, 444, 700, 702, 842, 931, 3799, white

사용된 스티치
롱 앤드 쇼트 스티치, 리프 스티치, 스트레이트 스티치, 아웃라인 스티치, 체인 스티치

수놓기
• 봉투는 라인을 수놓은 후, 면을 가로로 체인 스티치합니다.

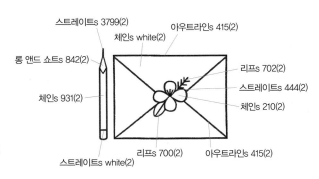

스트레이트s 3799(2)
체인s white(2)
아웃라인s 415(2)
롱 앤드 쇼트s 842(2)
리프s 702(2)
스트레이트s 444(2)
체인s 931(2)
체인s 210(2)
스트레이트s white(2)
리프s 700(2)
아웃라인s 415(2)

마무리
뒷면에 접착 펠트지를 붙이고 수놓은 라인으로부터 약 1mm 간격으로 짧게 자릅니다.

성냥갑

문득 예전이 그리울 때가 있어요. 그런 향수를 담아 아날로그 감성을
느낄 수 있는 펠트 성냥갑입니다. 작은 도안이지만 여러 가지 기법을
사용하여 단순하지 않은 도안입니다. 성냥갑 만드는 방법을 보면서 순
서대로 천천히 수놓아보세요.

How to make
• 스티치 | 도안 •

Flamingo

사용된 원단
펠트지(흰색)

사용된 실
DMC 25번사 : 310, 318, 415, 436, 648, 754, 792, 898, 3354, 3733, 3814, white

사용된 스티치
레이지 데이지 스티치, 롱 앤드 쇼트 스티치, 리프 스티치, 백 스티치, 새틴 스티치, 스트레이트 스티치, 아웃라인 스티치, 체인 스티치

수놓기

• 성냥 뚜껑과 성냥통을 각각 따로 만들어서 연결하는 방식입니다. 성냥갑 만드는 과정을 따라 순서대로 수놓습니다.

• 성냥 뚜껑의 그림은 플라밍고→나뭇잎→영어 레터링→체크 패턴 순으로 수놓습니다.

• 영어 레터링은 한 땀을 약 1mm 정도로 촘촘히 수놓습니다.

※도안 설명은 스티치→실 번호→(실의 가닥 수)로 표기했습니다.
예) 아웃라인s 437(2) : 437번 실 2가닥으로 아웃라인 스티치를 합니다.

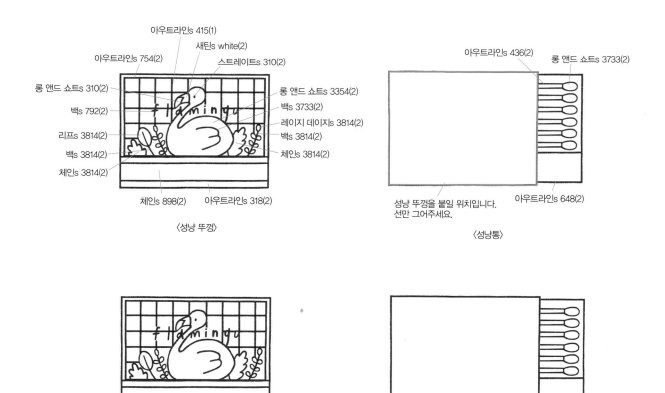

〈성냥 뚜껑〉 〈성냥통〉

How to make
•스티치 | 도안•

Lonely night

사용된 원단
성냥 뚜껑 : 펠트지(진회색) | 성냥통 : 펠트지(크림색)

사용된 실
DMC 25번사 : 151, 168, 318, 436, 648, 725, 727, 798, 898, 3766, white

사용된 스티치
더블 크로스 스티치, 롱 앤드 쇼트 스티치, 백 스티치, 스트레이트 스티치, 아우트라인 스티치, 체인 스티치, 크로스 스티치

수놓기
• 성냥 뚜껑과 성냥통을 각각 따로 만들어서 연결하는 방식입니다. 성냥갑 만드는 과정을 따라 순서대로 수놓습니다.
• 영어 레터링은 1획씩 스트레이트 스티치로 수놓되, 곡선인 O, G는 백 스티치로 수놓습니다.

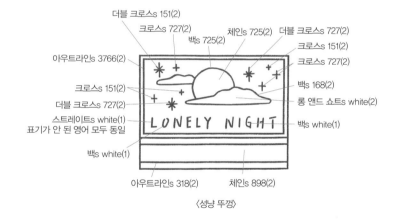

더블 크로스s 151(2)
크로스s 727(2)
백s 725(2)
체인s 725(2)
더블 크로스s 727(2)
아우트라인s 3766(2)
크로스s 151(2)
크로스s 727(2)
크로스s 151(2)
백s 168(2)
더블 크로스s 727(2)
롱 앤드 쇼트s white(2)
스트레이트s white(1)
표기가 안 된 영어 모두 동일
백s white(1)
백s white(1)
아우트라인s 318(2)
체인s 898(2)

〈성냥 뚜껑〉

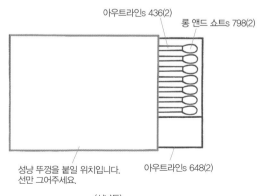

아우트라인s 436(2)
롱 앤드 쇼트s 798(2)

성냥 뚜껑을 붙일 위치입니다.
선만 그어주세요.
아우트라인s 648(2)

〈성냥통〉

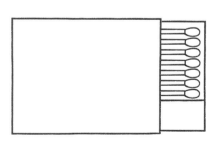

How to make
· 만들기 ·

재료 : 펠트지(흰색, 진회색, 크림색), 접착펠트지(연한 색), 자수실, 바늘, 가위

1

외곽 라인
테두리
그림

〈성냥 뚜껑〉

성냥 뚜껑의 테두리 라인을 제외한 그림 부분만 먼저 수놓고, 외곽 라인을 따라 잘라줍니다.

2

성냥 뚜껑 붙이는 부분

〈성냥통〉

성냥통을 모두 수놓고, 외곽 라인을 자르지 않습니다. 성냥 뚜껑을 붙이는 부분은 선만 긋고 수를 놓지 않습니다.

3

수놓은 성냥 뚜껑을 성냥통의 뚜껑을 붙이는 부분에 잘 맞추어 겹칩니다. 이때 수놓은 그림 부분의 뒷면에 본드를 살짝 발라 두 장을 고정하면 더 쉽게 수놓을 수 있습니다. 단, 본드가 자수실 위로 배어나오지 않도록 유의합니다.

4

테두리
옆면

겹쳐진 두 장을 한꺼번에 잡고 뚜껑의 테두리 라인과 옆면을 순서대로 수놓습니다.

5

1mm

뒷면에 접착 펠트지를 붙이고 성냥통의 라인을 따라 약 1mm 간격으로 잘라줍니다.

입체 꽃 리본

향긋한 꽃향기가 날 것만 같은 꽃 자수입니다. 꽃과 잎, 가지, 리본을
각각 따로 수를 놓아 연결하는 방식으로 마치 꽃다발을 만드는 듯한
입체감을 줄 수 있는 게 특징입니다. 브로치 침을 붙이면 브로치로
활용할 수 있습니다.

awesome

gracias

awesome

사용된 원단
펠트지(크림색)

사용된 실
DMC 25번사 : 210, 310, 435, 699, 733, ECRU

사용된 스티치
백 스티치, 새틴 스티치, 아우트라인 스티치, 체인 스티치

※도안 설명은 스티치→실 번호→(실의 가닥 수)로 표기했습니다.
예) 아우트라인s 437⑵ : 437번 실 2가닥으로 아우트라인 스티치를 합니다.

How to make
· 스티치 | 도안 ·

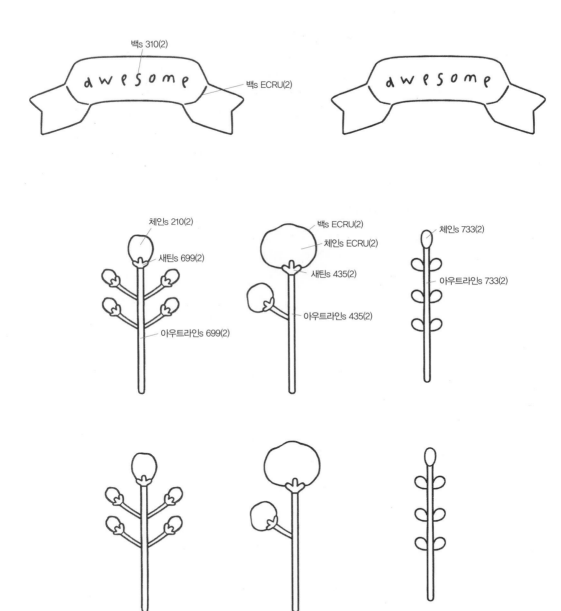

백s 310(2)

awesome

백s ECRU(2)

awesome

체인s 210(2)

새틴s 699(2)

아웃트라인s 699(2)

백s ECRU(2)

체인s ECRU(2)

새틴s 435(2)

아웃트라인s 435(2)

체인s 733(2)

아웃트라인s 733(2)

How to make
• 스티치 | 도안 •

gracias

사용된 원단
꽃 : 펠트지(크림색) | 리본 : 펠트지(연살구색)

사용된 실
DMC 25번사 : 221, 318, 352, 612, 727, 732, 907, 3347, 3824, 3825, ECRU

사용된 스티치
레이지 데이지 스티치, 백 스티치, 스트레이트 스티치, 아우트라인 스티치, 체인 스티치

How to make
•스티치 | 도안•

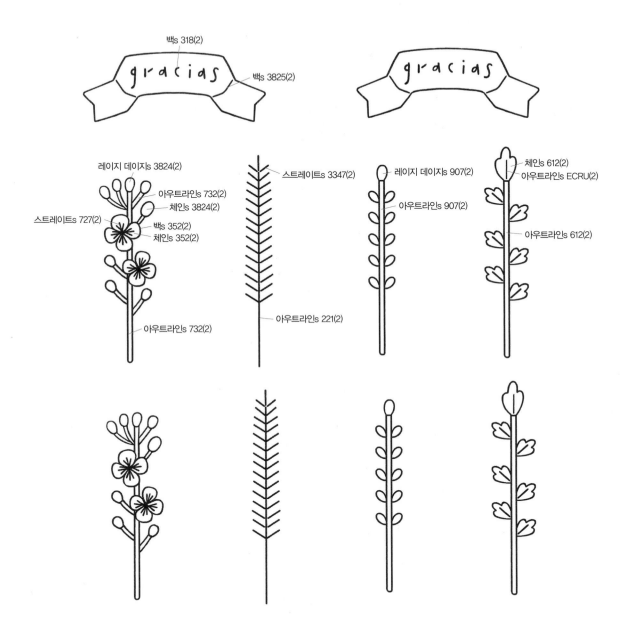

백s 318(2)

백s 3825(2)

gracias

gracias

레이지 데이지s 3824(2)

아웃트라인s 732(2)

체인 3824(2)

스트레이트s 727(2)

백s 352(2)

체인s 352(2)

아웃트라인s 732(2)

스트레이트s 3347(2)

아웃트라인s 221(2)

레이지 데이지s 907(2)

아웃트라인s 907(2)

체인s 612(2)

아웃트라인s ECRU(2)

아웃트라인s 612(2)

꽃 리본 수놓기
- 꽃 리본 만드는 과정을 따라 순서대로 수놓습니다.
- 꽃, 잎, 가지, 리본을 각각 따로 수놓아 연결합니다.
- 리본 날개 부분의 백 스티치는 꽃과 리본을 연결한 후 가장 나중에 수놓습니다.
- 영어 레터링은 한 땀을 약 1mm 정도로 촘촘히 수놓습니다.
- gracias 꽃 리본 : 꽃의 레이지 데이지 스티치는 도안에 꽉 차게 여러 번 수놓습니다.

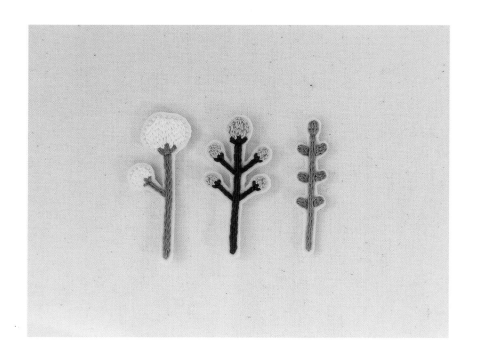

How to make

·만들기·

1

1mm

꽃과 잎, 가지를 각각 수놓은 후 뒷면에 접착 펠트지를 붙입니다.
그리고 자수가위를 이용해 라인으로부터 약 1mm 간격으로 최대
한 세밀하고 짧게 자릅니다.

2

〈앞면〉　　　　　　　　　　　　　〈뒷면〉

펠트지에 리본의 앞, 뒷면 두 장을 그립니다. 앞면은 영어 레터링만 수놓은 후
리본 라인을 따라 잘라주고, 뒷면은 자수 없이 리본 라인을 따라 잘라줍니다
(awesome : 크림색 펠트지, gracias : 연살구색 펠트지).

3

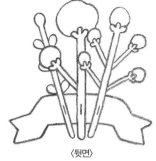

〈뒷면〉

뒷면 리본에 꽃의 앞면이 위로 오도록 하나씩 위치를
잡아 바느질이나 본드로 고정시킵니다. 중앙에 있는
꽃을 먼저 붙이고, 그 꽃을 중심으로 나머지 꽃의 위
치를 잡습니다.

4

꽃을 고정시킨 뒷면 리본 위로 앞면 리본을 잘 겹치고,
리본 날개 부분의 라인을 백 스티치해서 앞뒷면을 고정
시킵니다.

입체 꽃병

싱그러운 분위기의 꽃병 자수입니다. 꽃과 잎, 병, 라벨을 각각 따로 수놓아
연결하는 방식으로 작지만 입체감을 줄 수 있습니다. 뒷면에 브로치 침을
붙이면 브로치로 활용할 수 있습니다.

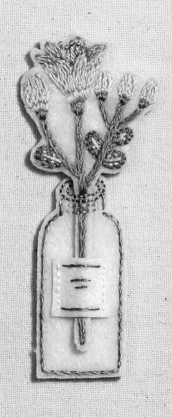

How to make
•스티치│도안•

유리 꽃병

사용된 원단
꽃, 병 : 펠트지(크림색) │ 라벨 : 펠트지(흰색)

사용된 실
DMC 25번사 : 151, 169, 318, 415, 727,
907, 3354, 3766, white

사용된 스티치
백 스티치, 새틴 스티치, 스트레이트 스티치,
아웃라인 스티치, 체인 스티치

※도안 설명은 스티치→실 번호→(실의 가닥
수)로 표기했습니다.
예) 아웃라인s 437(2) : 437번 실 2가닥으
로 아웃라인 스티치를 합니다.

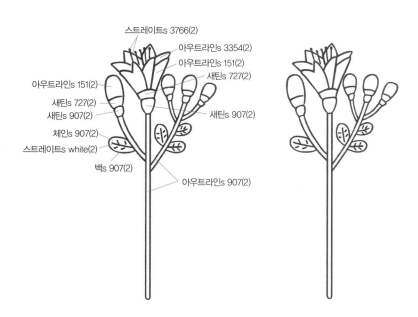

스트레이트s 3766(2)
아웃라인s 3354(2)
아웃라인s 151(2)
새틴s 727(2)
아웃라인s 151(2)
새틴s 727(2)
새틴s 907(2)
새틴s 907(2)
체인 907(2)
스트레이트s white(2)
백s 907(2)
아웃라인s 907(2)

How to make
•스티치 | 도안•

백s 318(2)

백s 415(2)

아우트라인s 318(2)

라벨을 붙일 위치입니다.
수놓지 않습니다.

아우트라인s 169(1)

백s white(2)

〈라벨〉

비커 꽃병

사용된 원단
꽃, 비커 : 펠트지(크림색) | 라벨 : 펠트지(흰색)

사용된 실
DMC 25번사 : 317, 415, 435, 700, ECRU, white

사용된 스티치
백 스티치, 새틴 스티치, 아웃라인 스티치, 체인 스티치

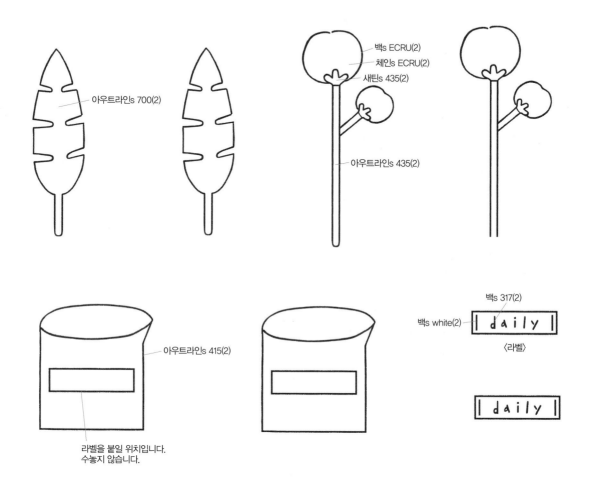

아우트라인s 700(2)

백s ECRU(2)
체인s ECRU(2)
새틴s 435(2)

아우트라인s 435(2)

아우트라인s 415(2)

라벨을 붙일 위치입니다.
수놓지 않습니다.

백s 317(2)
백s white(2)
〈라벨〉

daily

daily

꽃병 수놓기
• 꽃병 만드는 과정을 따라 순서대로 수놓습니다.
• 꽃, 병, 라벨을 각각 따로 수놓아 연결합니다.
• 영어 레터링은 한 땀을 약 1mm 정도로 촘촘히 수놓습니다.

How to make

· 만들기 ·

1

꽃과 잎을 각각 수놓은 후, 뒷면에 접착 펠트지를 붙입니다. 그리고 자수가위를 이용해 라인으로부터 약 1mm 간격으로 짧게 자릅니다.

2

병은 줄기 위로 겹쳐지는 부분과 줄기에 가려지는 부분을 구분해서 수놓아야 합니다. 줄기 위로 겹쳐지는 라인을 제외한 전체 라인을 먼저 수놓습니다. 라벨을 붙일 라인은 선만 긋고 수놓지 않습니다.

3

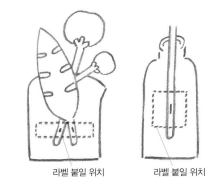

병 위에 꽃을 올려 위치를 잡고, 라벨에 가려질 부분에 실이나 본드로 고정시킵니다.

4

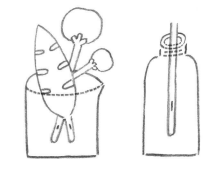

줄기 위로 겹쳐지는 병의 라인을 수놓습니다. 겹쳐지는 병, 줄기, 잎 위로 한꺼번에 바늘을 통과시켜 수놓습니다.

5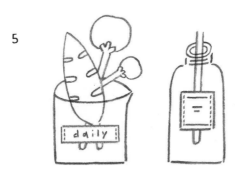

흰 펠트지에 라벨을 수놓습니다. 양쪽 가장자리의 백 스티치를 제외하고
수놓은 후, 외곽 라인을 따라 자릅니다. 병 위에 만든 라벨을 올려 위치를
잘 잡은 후, 양쪽 가장자리를 백 스티치해서 병에 고정시킵니다.

6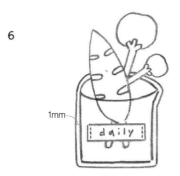

1mm

병의 뒷면에 접착 펠트지를 붙이고 라인으로부터 약
1mm 간격으로 짧게 자릅니다.

달콤한 디저트

부드러운 디저트는 상상하는 것만으로도 기분이 좋아집니다.
디저트의 달콤함을 알록달록한 색감으로 표현한 작은 도안입
니다. 블랭킷 스티치로 마무리하여 달콤한 와펜을 완성해보세
요. 뒷면에 브로치를 붙이면 와펜 브로치로도 활용이 가능합
니다.

How to make

• 스티치 | 도안 •

딸기케이크

사용된 원단
광목 30수(백아이보리)

사용된 실
DMC 25번사 : 415, 435, 437, 745, 794,
817, 3856, white,

사용된 스티치
롱 앤드 쇼트 스티치, 백 스티치, 블랭킷
스티치, 새틴 스티치, 스트레이트 스티치,
아웃라인 스티치, 체인 스티치

수놓기
• 접시는 라인만 수놓고 면은 비워둡니다.

※도안 설명은 스티치→실 번호→(실의 가
닥 수)로 표기했습니다.
예) 아웃라인s 437(2) : 437번 실 2가닥
으로 아웃라인 스티치를 합니다.

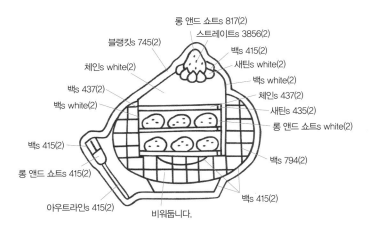

롱 앤드 쇼트s 817(2)
스트레이트s 3856(2)
블랭킷s 745(2)
백 415(2)
체인s white(2)
새틴s white(2)
백 437(2)
백 white(2)
백s white(2)
체인 437(2)
새틴s 435(2)
롱 앤드 쇼트s white(2)
백 415(2)
백 794(2)
롱 앤드 쇼트s 415(2)
백s 415(2)
아웃라인s 415(2)
비워둡니다.

How to make
• 스티치 | 도안 •

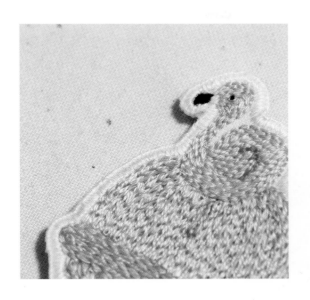

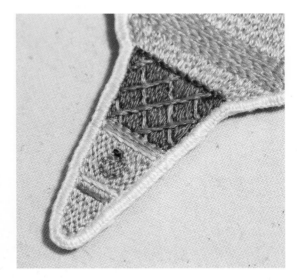

아이스크림

사용된 원단
광목 30수(백아이보리)

사용된 실
DMC 25번사 : 151, 310, 352, 435,
437, 564, 700, 741, 754, 893,
3766, 3824, white

사용된 스티치
롱 앤드 쇼트 스티치, 백 스티치, 블
랭킷 스티치, 새틴 스티치, 스트레
이트 스티치, 아우트라인 스티치,
체인 스티치

수놓기
• 플라밍고를 먼저 수놓고 아이스
크림을 수놓습니다.
• 콘 부분은 외곽 라인을 먼저 백
스티치한 후, 체크 패턴을 아우트
라인 스티치하고, 면은 새틴 스티
치로 채웁니다.

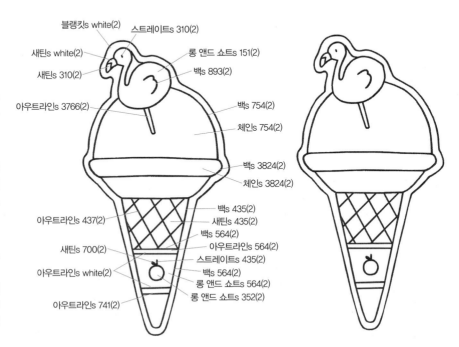

블랭킷s white(2)
스트레이트s 310(2)
새틴s white(2)
롱 앤드 쇼트s 151(2)
새틴s 310(2)
백s 893(2)
아우트라인s 3766(2)
백s 754(2)
체인s 754(2)
백s 3824(2)
체인s 3824(2)
아우트라인s 437(2)
백s 435(2)
새틴s 435(2)
백s 564(2)
새틴s 700(2)
아우트라인s 564(2)
스트레이트s 435(2)
아우트라인s white(2)
백s 564(2)
롱 앤드 쇼트s 564(2)
롱 앤드 쇼트s 352(2)
아우트라인s 741(2)

컵케이크

사용된 원단
광목 30수(백아이보리)

사용된 실
DMC 25번사 : 221, 224, 436, 437, 553, 648, 699, 700, 803, 817, 906, 938, 971, ECRU, white

사용된 스티치
롱 앤드 쇼트 스티치, 백 스티치, 블랭킷 스티치, 스트레이트 스티치, 아우트라인 스티치, 체인 스티치

수놓기
• 초와 과일을 먼저 수놓고, 아래로 내려가면서 수놓습니다.
• 블루베리는 553번+803번을 각 1가닥씩 섞어 2가닥으로 수놓습니다.

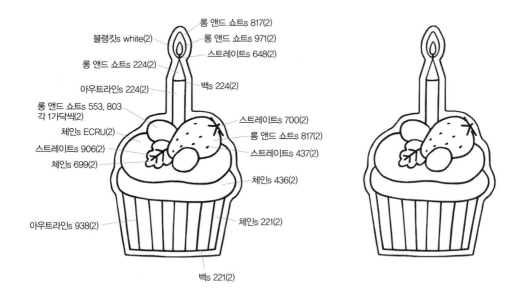

블랭킷s white(2)
롱 앤드 쇼트s 817(2)
롱 앤드 쇼트s 971(2)
스트레이트s 648(2)
롱 앤드 쇼트s 224(2)
아우트라인s 224(2)
백s 224(2)
롱 앤드 쇼트s 553, 803 각 1가닥씩(2)
스트레이트s 700(2)
체인s ECRU(2)
롱 앤드 쇼트s 817(2)
스트레이트s 906(2)
스트레이트s 437(2)
체인s 699(2)
체인s 436(2)
아우트라인s 938(2)
체인s 221(2)
백s 221(2)

How to make
•스티치 | 도안•

조각케이크

사용된 원단
광목 30수(백아이보리)

사용된 실
DMC 25번사 : 151, 435, 437, 553, 699, 792, 803, 817, 818, 893, 939, 3354, 3733, ECRU, white

사용된 스티치
롱 앤드 쇼트 스티치, 백 스티치, 블랭킷 스티치, 새틴 스티치, 스트레이트 스티치, 아웃라인 스티치, 체인 스티치

수놓기
- 블루베리는 2종류입니다. 939번+792번, 803번+553번을 각각 1가닥씩 섞어서 2가닥으로 수놓습니다.
- 크림은 151번+white를 각각 1가닥씩 섞어서 2가닥으로 수놓습니다.
- 빵 사이의 흰색 크림을 아웃라인 스티치 한 후, 그 위로 동그란 무늬를 새틴 스티치합니다.

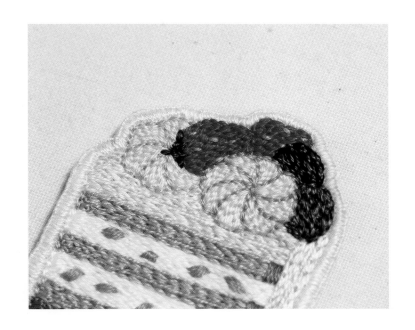

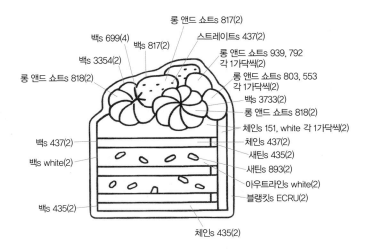

롱 앤드 쇼트s 817(2)
백s 699(4)
백s 817(2)
백s 3354(2)
롱 앤드 쇼트s 818(2)
스트레이트s 437(2)
롱 앤드 쇼트s 939, 792 각 1가닥씩(2)
롱 앤드 쇼트s 803, 553 각 1가닥씩(2)
백s 3733(2)
롱 앤드 쇼트s 818(2)
체인s 151, white 각 1가닥씩(2)
체인s 437(2)
새틴s 435(2)
새틴s 893(2)
아웃라인s white(2)
블랭킷s ECRU(2)
백s 437(2)
백s white(2)
백s 435(2)
체인s 435(2)

※블랭킷 스티치는 그림에 딱 붙여서 간격 없이 수놓습니다.

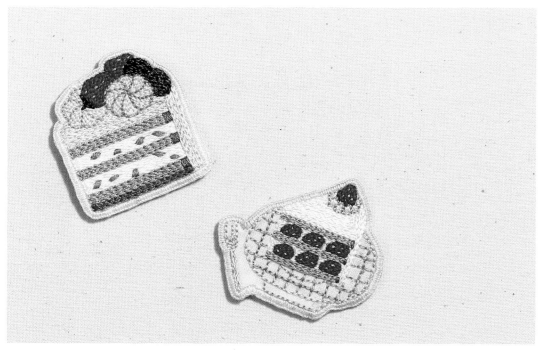

How to make
·만들기·

재료 : 수놓은 원단, 접착 펠트지, 자수가위, 본드(공예용)

1

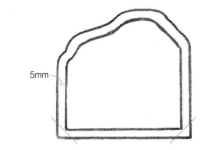

5mm

블랭킷 스티치 라인으로부터 약 5mm 간격으로 원단을
자르고, 직각인 부분은 사선으로 자릅니다.

2

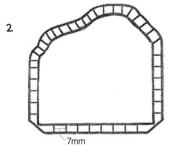

7mm

원단을 블랭킷 스티치 직전까지 약 7mm 간격으로
가위집을 내줍니다. 곡선이나 폭이 좁고 가파른 부
분은 더 촘촘한 간격으로 잘라줍니다.

3

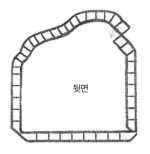

뒷면

가위집을 낸 원단을 하나씩 본드를 발라 뒷면 쪽으로
접어 붙여줍니다.

4

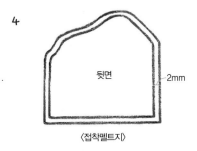

뒷면

2mm

〈접착펠트지〉

접착 펠트지의 종이면 쪽에 도안의 블랭킷 스티치 라인만
그리고, 그 라인보다 약 2mm 안쪽으로 자릅니다. 수놓은
원단 뒷면에 위치를 잘 맞추어 접착 펠트지를 붙입니다.

싸-개단추 브로치

작고 아기자기한 느낌의 싸개단추 브로치입니다.
작은 도안이지만 다양한 기법을 이용해야 하는 섬
세함을 요하는 도안입니다.

How to make
• 스티치 | 도안 •

good bye

사용된 원단
광목 16수(내추럴)

사용된 실
DMC 25번사 : 168, 224, 317, 318, 470, 702, 725, 733, 818, 907,
3824

사용된 스티치
더블 크로스 스티치, 레이지 데이지 스티치, 롱 앤드 쇼트 스티치,
리프 스티치, 백 스티치, 크로스 스티치

수놓기
• 영어 레터링 : 한 땀을 약 1mm 정도로 촘촘히 수놓습니다.
• 꽃잎 : 한 꽃잎당 818번은 2번, 3824번은 3번 레이지 데이지 스
 티치를 합니다.
• 달 : 안쪽 면은 비워둡니다.

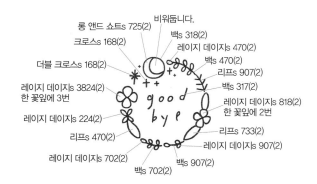

롱 앤드 쇼트s 725(2)
비워둡니다.
크로스s 168(2)
백s 318(2)
레이지 데이지s 470(2)
더블 크로스 168(2)
백s 470(2)
리프s 907(2)
레이지 데이지s 3824(2)
한 꽃잎에 3번
백s 317(2)
레이지 데이지s 818(2)
한 꽃잎에 2번
레이지 데이지s 224(2)
리프s 733(2)
리프s 470(2)
레이지 데이지s 907(2)
레이지 데이지s 702(2)
백s 907(2)
백s 702(2)

※도안 설명은 스티치→실 번호→(실의 가닥 수)로 표기했습니다.
예) 아웃라인s 437(2) : 437번 실 2가닥으로 아웃라인 스티치를
합니다.

80

체크 패턴 꽃

사용된 원단
광목 16수(내추럴)

사용된 실
DMC 25번사 : 745, 747, 3733, 3814

사용된 스티치
리프 스티치, 백 스티치, 체인 스티치, 프렌치 노트 스티치

수놓기
- 꽃 : 프렌치 노트 스티치는 2가닥으로 4번 감습니다.
- 바탕의 체크 패턴은 가장 나중에 수놓습니다.

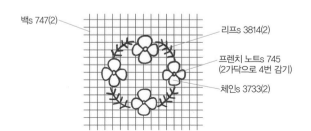

백s 747(2)

리프s 3814(2)

프렌치 노트s 745
(2가닥으로 4번 감기)

체인s 3733(2)

How to make

•스티치 | 도안•

merci

사용된 원단
광목 16수(내추럴)

사용된 실
DMC 25번사 : 210, 648, 700, 760, 798, white

사용된 스티치
레이지 데이지 스티치, 롱 앤드 쇼트 스티치, 리프 스티치, 백 스티치, 체인 스티치, 프렌치 노트 스티치

수놓기
• 영어 레터링 : 한 땀을 약 1mm 정도로 촘촘히 수놓습니다.
• 프렌치 노트 스티치는 2가닥으로 3번 감습니다.

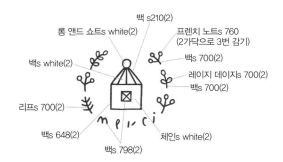

롱 앤드 쇼트s white(2)
백 s210(2)
프렌치 노트s 760 (2가닥으로 3번 감기)
백s white(2)
백s 700(2)
레이지 데이지s 700(2)
백s 700(2)
리프s 700(2)
백s 648(2)
체인s white(2)
백s 798(2)

How to make

daily

사용된 원단
광목 16수(내추럴)

사용된 실
DMC 25번사 : 210, 699, 3799, white

사용된 스티치
백 스티치, 스트레이트 스티치, 체인 스티치

수놓기
- 영어 레터링 : 한 땀을 약 1mm 정도로 촘촘히 수놓습니다.
- 선인장 : 라인만 수놓습니다.
- 화분 : 외곽 라인을 먼저 백 스티치 하고 안쪽 면을 체인 스티치로
  채운 후, 그 위로 패턴을 스트레이트 스티치합니다.

백s 699(2)

백s 210(2)

스트레이트s 3799(2)

체인s white(2)

백s 3799(2)

How to make

·스티치 | 도안·

하와이안 꽃

사용된 원단
광목 16수(내추럴)

사용된 실
DMC 25번사 : 778, 818, 3766, 3814, white

사용된 스티치
리프 스티치, 스트레이트 스티치, 체인 스티치, 프렌치 노트 스티치

수놓기
· 꽃
– 체인 스티치로 면을 채운 후, 스트레이트 스티치를 합니다.
– 프렌치 노트 스티치는 2가닥으로 3번 감습니다.

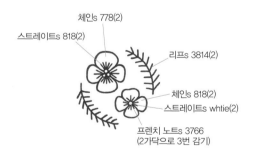

체인s 778(2)
스트레이트s 818(2)
리프s 3814(2)
체인s 818(2)
스트레이트s whtie(2)
프렌치 노트s 3766
(2가닥으로 3번 감기)

How to make
· 만들기 ·

재료 : 수놓은 원단, 28mm 싸개단추 틀, 펠트지, 바늘, 재봉실, 브로치, 본드

1

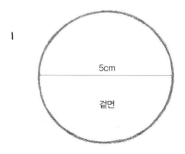

수놓은 겉면에 자수가 중앙에 오도록 지름 약 5cm의
원을 그리고 선을 따라 잘라줍니다.

2

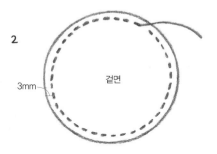

재단한 원단의 가장자리에서 약 3mm 안쪽으로 원
을 그리고 그 선을 따라 홈질합니다. 실은 매듭을 짓
지 않고 그대로 겉으로 빼냅니다.

3

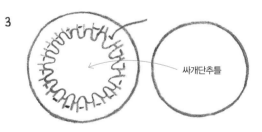

실을 적당히 당겨 오목한 형태가 되게 한 후, 싸개단추
틀의 볼록한 쪽이 아래로 향하도록 중앙에 놓습니다.

4

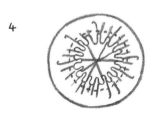

실을 세게 잡아당겨 조이면서 자수가 싸개단추 틀의
중앙에 오도록 위치를 잘 잡아줍니다. 매듭을 지어준
후, 실을 자르지 않고 그림과 같이 지그재그로 몇 땀을
떠주어서 단단하게 고정합니다.

5

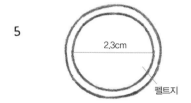

펠트지를 지름 약 2.3cm의 원으로 잘라 싸개단추의 뒷면에
본드로 붙입니다.

6

뒷면의 중앙에 본드로 브로치를 붙여줍니다.

캔들

영원히 꺼지지 않는 불꽃이 예쁜 7종의 펠트지
캔들입니다. 각각 다른 레터링과 꽃, 달, 별을 담
은 도안으로 나만의 초를 수놓아보세요.

near and dear

사용된 원단
펠트지(크림색)

사용된 실
DMC 25번사 : 648, 745, 817, 938, 971, 3766

사용된 스티치
롱 앤드 쇼트 스티치, 백 스티치, 블랭킷 스티치,
스트레이트 스티치, 체인 스티치

※도안 설명은 스티치→실 번호→(실의 가닥 수)
로 표기했습니다.
예) 아우트라인s 437(2) : 437번 실 2가닥으로 아
우트라인 스티치를 합니다.

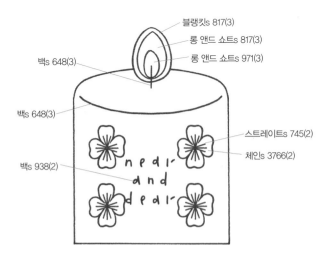

블랭킷s 817(3)
롱 앤드 쇼트s 817(3)
롱 앤드 쇼트s 971(3)
백s 648(3)
백s 648(3)
스트레이트s 745(2)
체인 3766(2)
백s 938(2)

little

사용된 원단

펠트지(연보라색)

사용된 실

DMC 25번사 : 648, 700, 745, 817, 971, 938,
white

사용된 스티치

레이지 데이지 스티치, 롱 앤드 쇼트 스티치,
백 스티치, 블랭킷 스티치

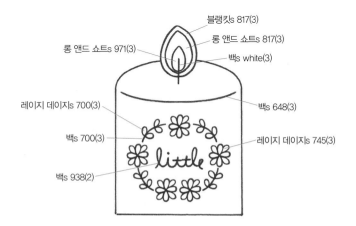

블랭킷s 817(3)

롱 앤드 쇼트s 971(3)

롱 앤드 쇼트s 817(3)

백s white(3)

레이지 데이지s 700(3)

백s 648(3)

백s 700(3)

레이지 데이지s 745(3)

백s 938(2)

Oh! Happy

사용된 원단
펠트지(흰색)

사용된 실
DMC 25번사 : 151, 318, 414, 648, 725, 745,
798, 817, 939, 971

사용된 스티치
더블 크로스 스티치, 롱 앤드 쇼트 스티치, 백 스티
치, 블랭킷 스티치, 크로스 스티치

블랭킷s 817(3)
롱 앤드 쇼트s 817(3)
롱 앤드 쇼트s 971(3)
백s 648(3)
크로스s 648(2)
롱 앤드 쇼트s 725(2)
롱 앤드 쇼트s 318(2)
백s 798(2)
백s 745(3)
더블 크로스s 648(2)
백s 151(2)
롱 앤드 쇼트s 151(2)
백s 939(2)
백s 414(2)

bye bye my blue

사용된 원단
펠트지(크림색)

사용된 실
DMC 25번사 : 648, 798, 817, 938, 971

사용된 스티치
레이지 데이지 스티치, 롱 앤드 쇼트 스티치,
백 스티치, 블랭킷 스티치

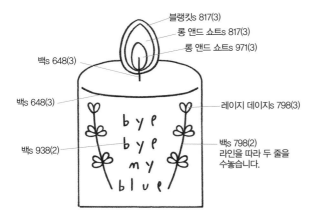

블랭킷s 817(3)
롱 앤드 쇼트s 817(3)
롱 앤드 쇼트s 971(3)
백s 648(3)
백s 648(3)
레이지 데이지s 798(3)
백s 938(2)
백s 798(2)
라인을 따라 두 줄을
수놓습니다.

How to make
•스티치 | 도안•

merci

사용된 원단
펠트지(연살구색)

사용된 실
DMC 25번사 : 318, 648, 733, 741, 817, 938, 971, 3766

사용된 스티치
레이지 데이지 스티치, 롱 앤드 쇼트 스티치, 백 스티치, 블랭킷 스티치, 스트레이트 스티치, 체인 스티치

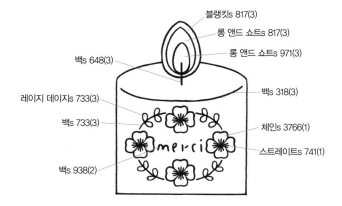

블랭킷s 817(3)
롱 앤드 쇼트s 817(3)
롱 앤드 쇼트s 971(3)
백s 648(3)
백s 318(3)
레이지 데이지s 733(3)
백s 733(3)
체인s 3766(1)
스트레이트s 741(1)
백s 938(2)

How to make
•스티치 | 도안•

Lonely

사용된 원단
펠트지(회색)

사용된 실
DMC 25번사 : 210, 444, 564, 817, 971, white

사용된 스티치
더블 크로스 스티치, 롱 앤드 쇼트 스티치, 백 스티치, 블랭킷 스티치, 크로스 스티치

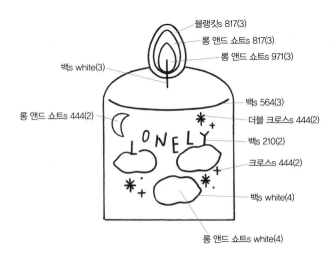

블랭킷s 817(3)
롱 앤드 쇼트s 817(3)
롱 앤드 쇼트s 971(3)
백s white(3)
백s 564(3)
롱 앤드 쇼트s 444(2)
더블 크로스 444(2)
백s 210(2)
크로스s 444(2)
백s white(4)
롱 앤드 쇼트s white(4)

93

How to make

• 스티치 | 도안 •

파란 장미

사용된 원단
펠트지(노란색)

사용된 실
DMC 25번사 : 318, 648, 699, 817, 959, 971, 3766

사용된 스티치
레이지 데이지 스티치, 롱 앤드 쇼트 스티치, 백 스티치, 새틴 스티치, 블랭킷 스티치

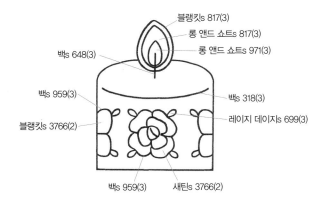

블랭킷s 817(3)

롱 앤드 쇼트s 817(3)

롱 앤드 쇼트s 971(3)

백s 648(3)

백s 318(3)

백s 959(3)

레이지 데이지s 699(3)

블랭킷s 3766(2)

백s 959(3)　　새틴s 3766(2)

캔들 수놓기

- 펠트지 2겹을 겹쳐서 수를 놓습니다.

- 영어 레터링 : 한 땀을 약 1mm 정도로 촘촘히 수놓습니다.

- 불꽃 : 심지(648)→주황색 속불꽃(971)→빨간색 겉불꽃(817) 순서로 수놓습니다. 겉 불꽃(817)은 먼저 라인을 따라 블랭킷 스티치를 한 후, 안쪽 면을 롱 앤드 쇼트 스티치로 채워줍니다.

- 블랭킷 스티치 : 불꽃 외곽 라인에 쓰인 블랭킷 스티치는 간격 없이 촘촘하게 수놓습니다. 그림과 같이 외곽 라인을 시작점으로 블랭킷 스티치를 하면서 시계 반대방향으로 둘러줍니다.

블랭킷 스티치 시작점 / 방향

- near and dear, merci : 꽃은 체인 스티치로 면을 채운 후, 스트레이트 스티치를 합니다.

- oh! happy : 행성은 롱 앤드 쇼트 스티치로 면을 채운 후, 띠는 백 스티치합니다.

- bye bye my blue : 줄기는 라인을 따라 2번 백 스티치를 합니다.

- 파란 장미 : 다른 캔들과 달리 다음의 순서대로 수놓아야 합니다.

1

외곽 라인 / 수놓지 않습니다.

양쪽 가장자리에 있는 반쪽 장미의 면을 제외한 캔들 전체를 먼저 수놓고, 외곽 라인을 따라 가위로 잘라줍니다.

2

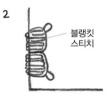

블랭킷 스티치

펠트지의 단면 위로 블랭킷 스티치를 해서 반쪽 장미의 면을 채웁니다.

How to make
• 만들기 •

재료 : 수놓은 펠트지, 접착 펠트지(비치지 않는 옅은 색), 자수용 가위

1

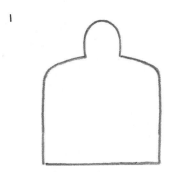

수놓은 펠트지를 초의 외곽 라인을 따라 잘라줍니다. 촛불은 자수용 가위를 이용해서 펠트지가 보이지 않도록 바짝 잘라줍니다. 이때 실이 함께 잘리지 않도록 유의합니다.

2

접착 펠트지에 불꽃 부분을 뺀 초의 외곽 라인만 그려서 잘라낸 후, 뒷면에 붙여줍니다.

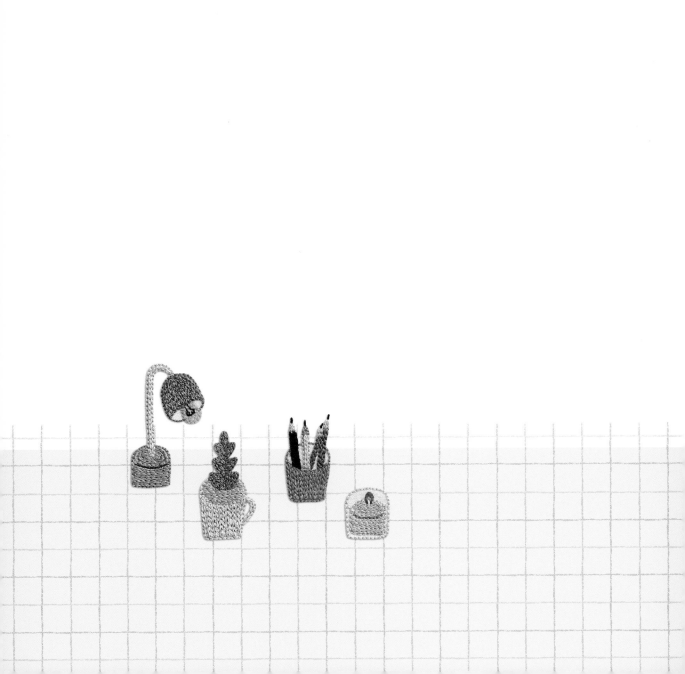

Part · 2
자수로 만드는 소품

모노톤 브로치

한 가지 색과 선으로 이루어진 브로치입니다. 심플한 스티치와 쉬운 방법으로
구성되어 있습니다. 도안의 디테일한 선과 모노톤이 잘 어우러져 조금 비뚤게
수놓아도 독특하고 멋스러운 느낌을 자아냅니다.

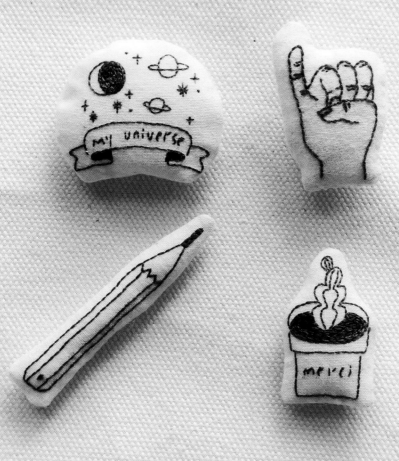

How to make
• 스티치 | 도안 •

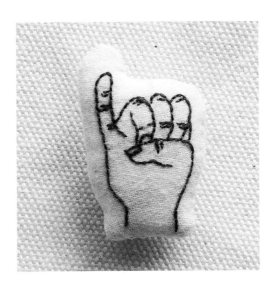

손가락

사용된 원단
광목 16수(내추럴)

사용된 실
DMC 25번사 : 3799

사용된 스티치
백 스티치

※도안 설명은 스티치→실 번호
→(실의 가닥 수)로 표기했습니다.
예) 아웃라인s 437(2) : 437번
실 2가닥으로 아웃라인 스티치
를 합니다.

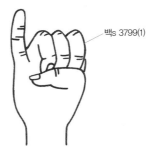

백s 3799(1)

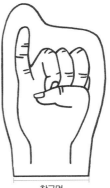

창구멍

How to make
• 스티치 | 도안 •

연필

사용된 원단
광목 16수(내추럴)

사용된 실
DMC 25번사 : 3799

사용된 스티치
롱 앤드 쇼트 스티치, 백 스티치, 새틴 스티치

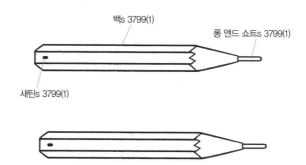

백s 3799(1)

롱 앤드 쇼트s 3799(1)

새틴s 3799(1)

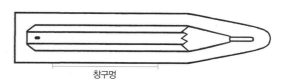

창구멍

How to make

나의 우주

사용된 원단

광목 16수(내추럴)

사용된 실

DMC 25번사 : 3799

사용된 스티치

더블 크로스 스티치, 백 스티치, 새틴 스티치, 체인 스티
치, 크로스 스티치

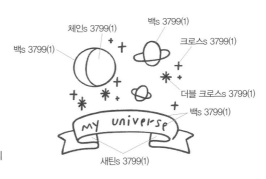

창구멍

How to make

• 스티치 | 도안 •

선인장

사용된 원단
광목 16수(내추럴)

사용된 실
DMC 25번사 : 3799

사용된 스티치
백 스티치, 체인 스티치

백s 3799(1)

백s 3799(1)

체인s 3799(1)

백s 3799(1)

백s 3799(1)

창구멍

수놓기
- 모두 3799번 1가닥으로 수놓습니다.
- 영어 레터링은 한 땀을 약 1mm 정도로 촘촘히 수놓습니다.
- 손가락 : 라인만 수놓습니다.
- 연필, 나의 우주, 선인장 : 라인과 표기된 면만 수놓습니다.

How to make

·만들기·

재료 : 수놓은 원단, 뒷면 원단(수놓은 원단과 같은 크기로 재단), 구름솜, 브로치, 본드, 바늘, 재봉실, 자

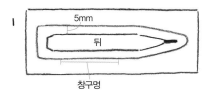

수놓은 원단의 뒤쪽에 자수의 외곽 라인을 따라 약 5mm 간격으로 완만하게 선을 긋고, 직선 구간에 창 구멍을 표시합니다.

1-1. 바느질선과 창구멍

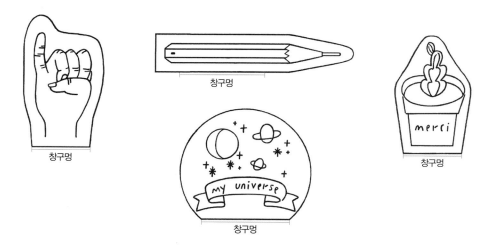

- 손가락 : 자수 윤곽을 따라 약 5mm 간격으로 선을 긋습니다(창구멍 : 손목 밑 부분).
- 연필 : 자수 윤곽을 따라 약 5mm 간격으로 선을 긋습니다(창구멍 : 직선 부분 가운데).
- 나의 우주 : 자수가 중앙에 들어오도록 지름 약 4.5cm의 원을 그리고, 리본 아래 부분에 직선을 긋습니다(창구멍 : 리본 아래 직선 부분).
- 선인장 : 자수 윤곽을 따라 약 5mm 간격으로 선을 긋습니다(창구멍 : 화분 밑 부분).

tip. 맞댄 2장의 원단을 바느질한 후 뒤집어야 하는 경우, 바느질선을 최대한 완만하게 해야 뒤집었을 때 원단의 당김 현상이 없고 깔끔한 모양이 됩니다.

2

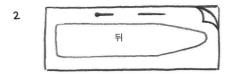

수놓은 원단과 뒷면 원단을 겉면이 마주보게 겹친 후, 시침핀으로 고정합니다.

3

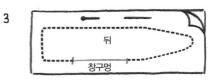

창구멍을 남겨두고 촘촘한 간격으로 홈질합니다.

4

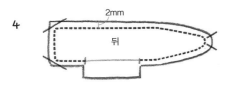

홈질한 선에서 창구멍 부분을 제외하고 약 2mm 간격으로 시접을 자릅니다. 모서리와 곡선 부분은 뒤집기 편하도록 사선으로 자르고 가위집을 내줍니다.

5

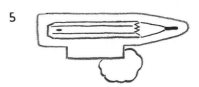

창구멍으로 뒤집어준 후, 막대를 넣어 모양을 잡아주고 좁은 부분부터 솜을 넣어 채워줍니다.

6

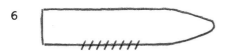

창구멍 안으로 시접을 접어 넣고 공그르기를 합니다.

7

뒷면의 중앙에 본드를 이용해 브로치를 붙여줍니다.

삼각 핀 쿠션

한 면에만 포인트 자수를 한 귀여운 삼각 핀 쿠션입니다.
자수를 하다 보면 잠깐 사이에 바늘을 잃어버려 당황스러
울 때가 종종 있어요. 이럴 때 꼭 필요한 도구가 바로 핀
쿠션인데요. 자수 포인트가 들어간 핀 쿠션을 스스로 만
들어 사용해보세요.

How to make
• 스티치 | 도안 •

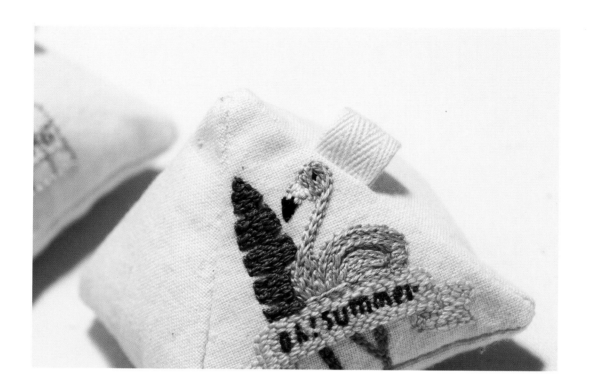

플라밍고 핀 쿠션

사용된 원단
광목 16수(내추럴)

사용된 실
DMC 25번사 : 310, 318, 700, 725, 727, 3354, 3731, 3799, white

사용된 스티치
롱 앤드 쇼트 스티치, 백 스티치, 스트레이트 스티치, 체인 스티치

수놓기
- 나뭇잎 : 외곽 라인을 백 스티치한 후, 면을 가로로 체인 스티치합니다.
- 리본
– 외곽 라인과 영어 레터링을 먼저 백 스티치한 후, 리본 면을 채웁니다.
– 영어 레터링은 2가닥으로 한 땀을 약 1mm 정도로 촘촘히 수놓습니다.
- 플라밍고 : 외곽 라인과 날개 라인을 먼저 백 스티치한 후, 몸통 면을 외곽 라인의 형태를 따라 둘러가며 수놓습니다.

How to make
· 스티치 | 도안 ·

롱 앤드 쇼트s 310(2)

백s 318(2)

백s 700(2)

스트레이트s 310(2)

롱 앤드 쇼트s white(2)

체인s 700(2)

백s 3354(2)

체인s 3354(2)

백s 727(2)

백s 3731(2)

롱 앤드 쇼트s 727(2)

백s 3799(2)

롱 앤드 쇼트s 725(2)

롱 앤드 쇼트s 3731(2)

롱 앤드 쇼트s 700(2)

※도안 설명은 스티치→실 번호→(실의 가닥 수)로 표기했습니다.
예) 아웃라인s 437(2) : 437번 실 2가닥으로 아웃라인 스티치를 합니다.

How to make

• 스티치 | 도안 •

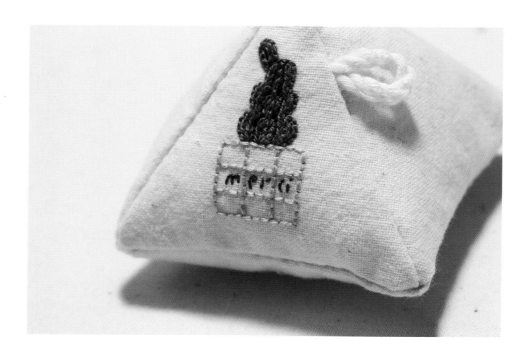

선인장 핀 쿠션

사용된 원단
광목 16수(내추럴)

사용된 실
DMC 25번사 : 210, 732, 934, 3799

사용된 스티치
백 스티치, 체인 스티치

수놓기
- 선인장 : 외곽 라인→안쪽 라인→면 순으로 수놓습니다.
- 화분
- 화분은 라인만 수놓습니다.
- 영어 레터링은 1가닥으로 한 땀을 약 1mm 정도로 촘촘히 수놓습니다.

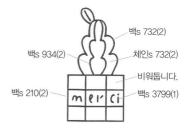

백s 732(2)

백s 934(2)

체인s 732(2)

비워둡니다.

백s 210(2)

백s 3799(1)

merci

merci

How to make
・만들기・

재료 : 수놓은 원단, 여분의 원단, 면테이프(플라밍고), 면줄(선인장), 구름솜, 자, 바늘, 재봉실

1

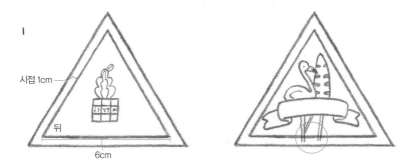

수놓은 원단의 뒤쪽에 중앙에 자수가 오도록 6cm 정삼각형을 그리고
시접 1cm로 재단합니다. 플라밍고는 완성했을 때 다리 끝부분이 안쪽
으로 들어가도록 자수 위로 선을 긋습니다.

2

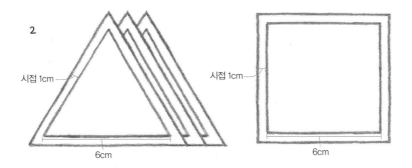

수놓은 원단과 같이 6cm 정삼각형에 시접 1cm를 두고 3장을 더 재단하고,
바닥 면으로 쓰일 6cm의 정사각형을 1장 재단합니다.

3

면테이프와 면줄은 4cm로 재단합니다
(반을 접어 2cm 고리로 만들어 사용).

4

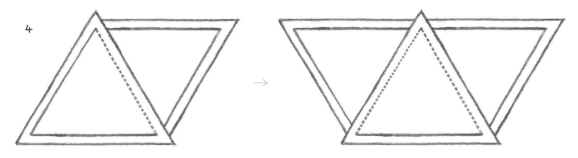

재단해놓은 삼각 빈 원단 2장을 재단선이 겉으로 보이게 맞대어 촘촘히 홈질합니다.
거기에 같은 방법으로 나머지 삼각 빈 원단 1장을 이어 홈질합니다.

5

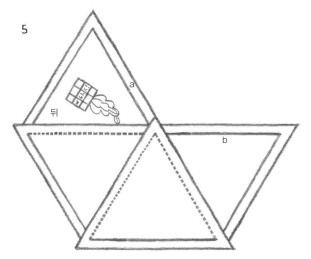

이어놓은 3장의 원단에 같은 방법으로 수놓은 원단을 홈질합니다. 이때 자수의 뒷면이 겉으로 오도록 합니다.

6

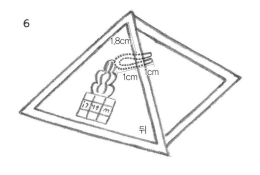

이어진 4장의 원단을 자수의 뒷면이 겉으로 오도록 양끝의 면(5번 순서에서 a, b면)을 맞대어 홈질합니다. 위에서부터 약 1.8cm 지점에 재단해놓은 면줄 또는 면테이프를 반으로 접어 고리 부분이 안쪽(자수와 같은 방향)으로 향하도록 원단 사이에 끼워 넣습니다. 그림과 같이 고리의 1cm 지점을 재단선에 맞추어 함께 홈질합니다.

How to make
· 만들기 ·

7

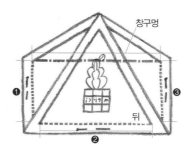

만들어진 삼각뿔과 바닥 면을 연결합니다. 삼각뿔과 바닥 면의 서로 맞닿는 꼭짓점에 시침핀을 꽂아 고정시킵니다. 그림과 같이 ❷ 자수가 있는 면과 ❶, ❸ 그와 이웃한 2면, 총 3면을 순서대로 홈질합니다. 자수의 맞은편 면은 창구멍으로 남겨둡니다.

8

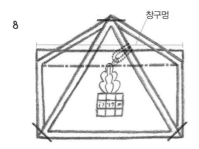

창구멍을 제외한 모든 시접을 홈질한 선에서부터 약 3mm 간격으로 자릅니다. 꼭짓점 부분은 뒤집기 편하도록 짧게 자릅니다.

9

창구멍으로 뒤집고 막대를 넣어 모양을 잡아줍니다. 그리고 좁은 부분부터 솜을 넣어 채워줍니다.

10

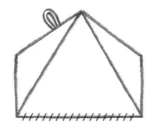

창구멍의 시접을 안으로 접어 넣고 공그르기 합니다. 반 정도 공그르기 했을 때 부족한 솜을 더 빵빵하게 채워 넣고 남은 부분을 공그르기로 마무리합니다.

잠 못 이루는 밤 스트링 파우치

모두가 잠든 밤, 혼자 깨어 느끼는 고요함을 담은 스트링 파우치입니다.
스트링 끝에 체인 스티치한 영어 레터링이 포인트가 됩니다. 도안의 영
어 레터링 대신 원하는 다른 레터링을 수놓으면 나만의 파우치를 만들
수 있습니다.

How to make
•스티치 | 도안•

잠 못 이루는 밤
스트링 파우치

사용된 원단
파우치 : 광목 16수(내추럴)
스트링 : 광목 30수(아이보리)

사용된 실
DMC 25번사 : 210, 310, 414, 415, 435, 437, 444, 612, 648, 725, 741, 798, 817, 842, 3347, 3799, white

사용된 스티치
더블 크로스 스티치, 롱 앤드 쇼트 스티치, 백 스티치, 새틴 스티치, 스트레이트 스티치, 체인 스티치, 크로스 스티치

수놓기
• 먼저 파우치, 스트링 도안을 그리고 재단한 후, 자수 도안을 그리고 수를 놓습니다.
• 별 : 표기가 없는 열십자 모양(+) 별은 모두 415번으로 크로스 스티치합니다.
• 선인장 : 가운데 라인은 수놓지 않습니다. 그 라인을 기준으로 한 면씩 체인 스티치를 합니다.
• 스탠드의 밑받침과 캔들은 가로로, 화분과 연필꽂이는 세로로 면을 채웁니다.
• 스탠드 갓, 캔들, 연필꽂이의 안쪽 면은 비워둡니다.

How to make

• 스티치 | 도안 •

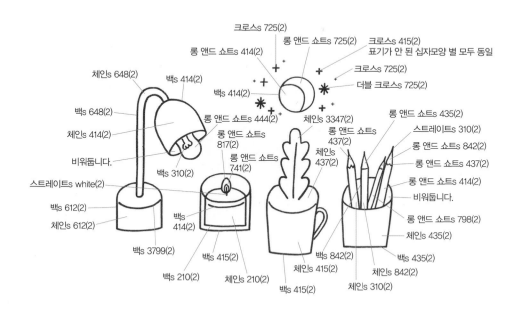

크로스s 725(2)

롱 앤드 쇼트s 725(2)

크로스s 415(2)
표기가 안 된 십자모양 별 모두 동일

롱 앤드 쇼트s 414(2)

크로스s 725(2)

백s 414(2)

더블 크로스s 725(2)

체인s 648(2)

백s 414(2)

백s 648(2)

체인s 414(2)

롱 앤드 쇼트s 444(2)

롱 앤드 쇼트s 435(2)

비워둡니다.

체인s 3347(2)

스트레이트s 310(2)

롱 앤드 쇼트s 437(2)

롱 앤드 쇼트s 817(2)

롱 앤드 쇼트s 842(2)

스트레이트s white(2)

체인s 437(2)

롱 앤드 쇼트s 437(2)

백s 310(2)

롱 앤드 쇼트s 741(2)

롱 앤드 쇼트s 414(2)

백s 612(2)

백s 414(2)

비워둡니다.

체인s 612(2)

롱 앤드 쇼트s 798(2)

백s 3799(2)

백s 435(2)

체인s 435(2)

백s 842(2)

백s 415(2)

백s 435(2)

백s 210(2)

체인s 210(2)

체인s 415(2)

체인s 842(2)

백s 415(2)

체인s 310(2)

※도안 설명은 스티치→실 번호→(실의 가닥 수)로 표기했습니다.
예) 아웃라인s 437(2) : 437번 실 2가닥으로 아웃라인 스티치를 합니다.

119

체인s 3799(2)   새틴s 3799(2)

greed right

greed right

How to make
• 스트링 만들기 •

재료 : 광목 30수(아이보리) 78×9cm, 자, 바늘, 재봉실
※3번 순서부터는 자수를 한 후 진행합니다.

1

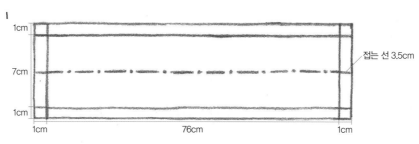

원단에 스트링 도안을 그리고 재단합니다.

2

재단한 원단을 선이 안으로 향하도록 3.5cm 지점의 접는 선을 따라 반으로 접고, 그림과 같이 막힌 쪽이 아래로 가도록 원단을 놓습니다. 가로로 끝에서부터 27cm 지점을 시작점으로, 세로로 3.5cm의 중앙에 위치하도록 자수 도안을 그립니다. 그리고 접은 원단을 다시 펴서 수를 놓습니다.

3

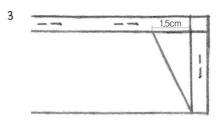

자수가 있는 겉면이 안으로 향하도록 3.5cm 지점의 접는 선을 따라 반으로 접고, 시침핀으로 고정시킵니다. 그리고 리본의 양 끝부분이 삼각이 되도록 시접을 제외하고 1.5cm 지점에서 아래의 시접선까지 사선을 긋습니다.

4

자수와 먼 쪽의 끝부분 사선을 창구멍으로 남겨두고, 전체적으로 홈질합니다.

5

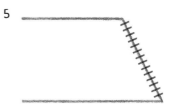

창구멍을 제외한 시접을 약 5mm로 짧게 자르고, 창구멍으로 전체를 뒤집어줍니다. 모양을 잡아가며 자수를 피해서 다림질한 후, 창구멍 안으로 시접을 접어 넣고 공그르기 합니다.

재료 : 광목 16수(내추럴) 20×43cm, 자, 바늘, 재봉실
※3번 순서부터는 자수를 한 후 진행합니다.

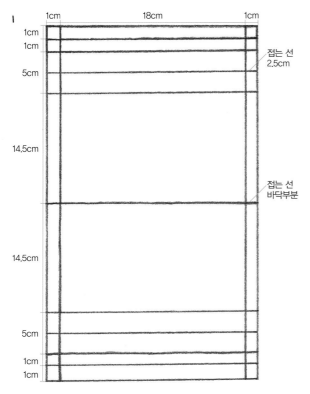

원단에 파우치 도안을 그리고 재단합니다.

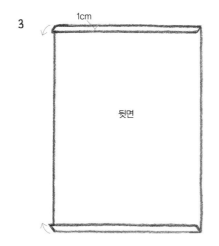

파우치 도안을 그린 반대 면에 자수 도안을 그립니다. 먼저 파우치 도안을 그린 면이 안으로 향하도록 14.5cm 지점의 접는 선을 따라 반으로 접습니다. 접힌 쪽이 아래로 가도록 놓고, 그림과 같이 아래에서부터 세로 약 4.7cm, 가로 약 6.5cm의 위치에 스탠드를 기준으로 자수 도안을 그립니다. 그리고 접은 원단을 다시 펴서 수놓습니다.

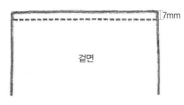

양끝 위, 아래 1cm를 선이 안쪽으로 가도록 접어 다림질합니다. 그리고 자수가 있는 겉면 쪽에서 접은 위, 아래를 약 7mm 간격으로 박음질합니다.

How to make
• 파우치 만들기 •

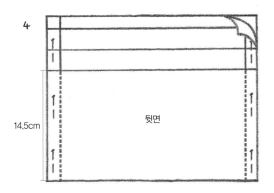

14.5cm

뒷면

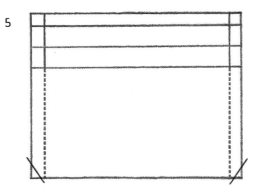

자수가 있는 겉면이 안으로 향하도록 14.5cm 지점의 접는
선을 따라 반으로 접고, 가로/세로 선의 교차점에 시침핀을
꽂아 양면이 정확히 맞닿도록 고정시킵니다. 그리고 그림과
같이 아래에서부터 14.5cm 지점까지 박음질합니다.

끝부분을 사선으로 자르고 원단을 뒤집어줍니다.

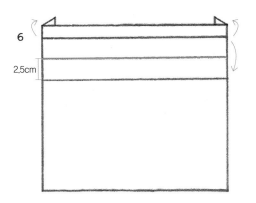

2.5cm

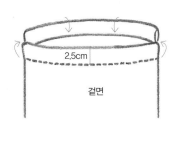

2.5cm

겉면

스트링이 들어갈 홀을 만들어줍니다. 먼저 양 옆의 시접 1cm를 안쪽으로 접어줍니다.
그리고 그림과 같이 앞, 뒷면 모두 2.5cm 접는 선을 따라 파우치 안쪽으로 접어내린
후, 겉면의 2.5cm 지점에 선을 긋고 박음질합니다.

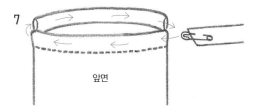

앞면

스트링의 자수와 먼 쪽 끝에 옷핀을 꽂습니다. 그리고
자수가 있는 앞면의 오른쪽 홀로 넣어 빙 둘러서 뒷면
의 오른쪽 홀로 빼냅니다.

꽃과 연필 코스터

제가 좋아하는 꽃과 연필을 나란히 수놓은 컵 받침입니다.
살구 빛의 꽃 한 송이 그리고 작은 연필과 함께하는 티타임
은 그 어느 때보다 향기로운 시간이 될 거예요.

How to make

• 스티치 | 도안 •

꽃과 연필 코스터

사용된 원단
광목 20수(흰색)

사용된 실
DMC 25번사 : 317, 414, 415, 522, 818, 3347, 3824, 3825, 3856, 3890

사용된 스티치
롱 앤드 쇼트 스티치, 백 스티치, 스트레이트 스티치, 아우트라인 스티치, 체인 스티치, 프렌치 노트 스티치

수놓기
• 외곽의 사각 라인은 박음질선이므로 선만 긋고 수를 놓지 않습니다.
• 연필과 꽃을 모두 수놓은 후, 가장 나중에 바탕의 체크 패턴을 백 스티치합니다.
• 영어 레터링은 한 땀을 약 1mm 정도로 촘촘히 수놓습니다.
• 꽃잎
– 꽃잎의 옆 라인만 아우트라인 스티치를 하고, 면을 체인 스티치로 채웁니다.
– 꽃잎 수놓기 : 꽃잎의 뾰족한 꼭짓점을 중심으로 그림과 같이 ❶ 위에서 아래로, ❷ 아래에서 위로 체인 스티치를 합니다.
– 수술은 가장 나중에 스트레이트 스티치를 하고, 프렌치 노트 스티치는 2가닥으로 2번 감습니다.

※도안 설명은 스티치→실 번호→(실의 가닥 수)로 표기했습니다.
예) 아우트라인s 437⑵ : 437번 실 2가닥으로 아우트라인 스티치를 합니다.

How to make

• 스티치 | 도안 •

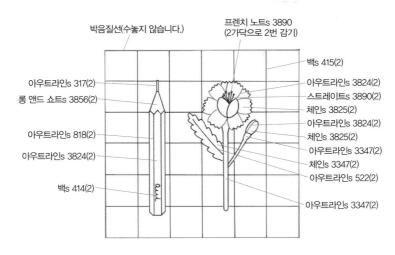

박음질선(수놓지 않습니다.)
프렌치 노트s 3890
(2가닥으로 2번 감기)

백s 415(2)

아웃라인s 317(2)
아웃라인s 3824(2)
롱 앤드 쇼트s 3856(2)
스트레이트s 3890(2)
체인s 3825(2)
아웃라인s 818(2)
아웃라인s 3824(2)
체인s 3825(2)
아웃라인s 3824(2)
아웃라인s 3347(2)
체인s 3347(2)
백s 414(2)
아웃라인s 522(2)

아웃라인s 3347(2)

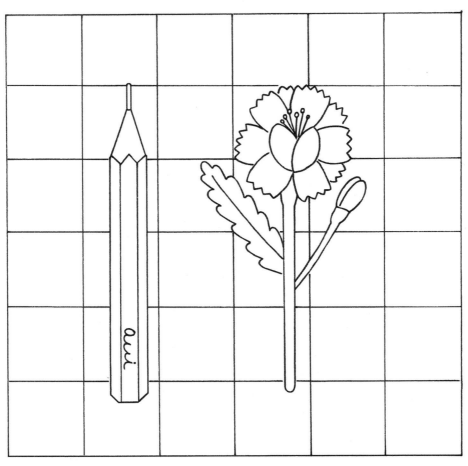

How to make
·만들기·

재료 : 수놓은 원단, 같은 크기의 뒷면 원단, 면줄, 바늘, 재봉실
※태슬은 DMC 25번사 504번입니다.

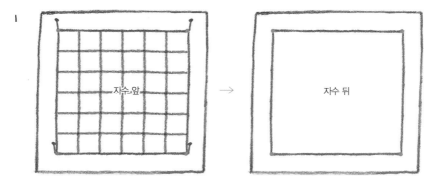

1

자수 앞

→

자수 뒤

수놓은 원단의 뒤쪽에 박음질선을 긋습니다. 앞면의 박음질선 4개 꼭짓점에 각각
시침핀을 꽂고 뒤쪽에 점을 찍어 표시한 후, 점끼리 이어 선을 긋습니다.

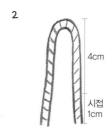

2

4cm

시접
1cm

면줄은 약 10cm로 재단합니다(반으로 접어
4cm 고리로 사용, 시접 1cm).

3

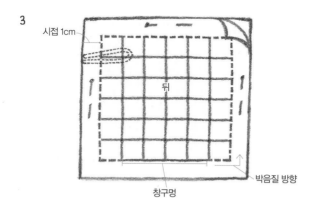

시접 1cm

뒤

박음질 방향

창구멍

앞면과 뒷면을 겉면(자수가 있는 쪽)이 마주보게 겹쳐 시침핀을 꽂은 후, 창구멍을 남겨두고 박음질합니다. 창구멍 끝에서부터 박음질을 시작해서 체크 패턴의 위에서 첫 번째 칸까지 박음질했을 때, 앞면과 뒷면 사이에 면줄을 끼워 넣습니다. 반으로 접은 면줄의 고리 부분이 안쪽으로 향하게 하여 시접 1cm를 선에 맞추고 함께 박음질합니다.

4

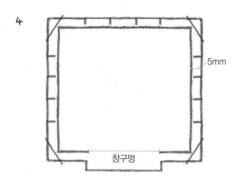

5mm

창구멍

창구멍을 제외한 시접을 약 5mm 간격으로 짧게 자릅니다. 그리고 전체적으로 가위집을 내고, 모서리 부분은 사선으로 자릅니다.

5

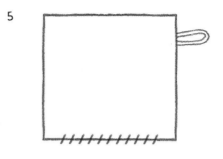

창구멍으로 뒤집어준 후, 막대를 넣어 모양을 잡아가며 다림질합니다. 수놓은 부분에는 직접적으로 열이 닿지 않도록 뒷면에서 다림질합니다. 그리고 창구멍 안으로 시접을 접어 넣은 후 공그르기를 합니다.

꽃 리스 코스터

포근한 봄이 오면 피어나는 화사한 꽃송이를 가득 담아 수놓은
꽃 리스 컵 받침입니다. 차를 마시지 않을 때는 벽에 걸어 장식
해 오너먼트로도 활용해보세요.

How to make
• 스티치 | 도안 •

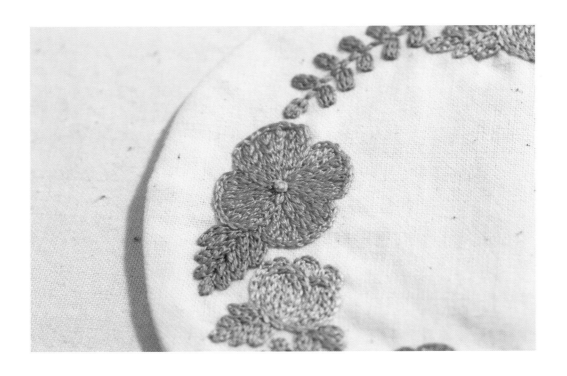

꽃 리스 코스터

사용된 원단
광목 16수(내추럴)

사용된 실
DMC 25번사 : 224, 352, 725, 741, 818, 907, 3347, 3348, 3727, 3733, 3766, 3824

사용된 스티치
롱 앤드 쇼트 스티치, 백 스티치, 체인 스티치, 프렌치 노트 스티치

수놓기
• 꽃
– 라인을 먼저 수놓은 후, 면을 채웁니다.
– 프렌치 노트 스티치는 4가닥으로 3번 감습니다.
• 줄기 : 라인을 따라 2번 반복해서 백 스티치를 합니다.
• 잎 : 잎의 가운데 라인은 수놓지 않습니다. 이 라인을 기준으로 한 면씩 체인 스티치를 합니다.

※도안 설명은 스티치→실 번호→(실의 가닥 수)로 표기했습니다.
예) 아웃라인s 437⑵ : 437번 실 2가닥으로 아웃라인 스티치를 합니다.

How to make
• 스티치 | 도안 •

체인s 224(2)
라인을 수놓은 후 면을 채웁니다.

백s 907(2)
라인을 따라 두 줄
을 수놓습니다.

체인s 3348(2)

롱 앤드 쇼트s 3733(2)

백s 3733(2)

백s 3347(2)
라인을 따라 두 줄을 수놓습니다.

체인s 907(2)

체인s 3824(2)
라인을 수놓은 후 면을 채웁니다.

체인s 352(2)
라인을 수놓은 후
면을 채웁니다.

체인s 741(2)

프렌치 노트s 3766
(4가닥으로 3번 감기)

프렌치 노트s 3766
(4가닥으로 3번 감기)

체인s 224(2)
라인을 수놓은 후
면을 채웁니다.

체인s 907(2)

체인s 907(2)

프렌치 노트s 3766
(4가닥으로 3번 감기)

백s 3347(2)
라인을 따라 두 줄을 수놓습니다.

체인s 352(2)
라인을 수놓은 후
면을 채웁니다.

체인s 3348(2)

롱 앤드 쇼트s 3727(2)

백s 3727(2)

백s 3766(2)

체인s 818(2)
라인을 수놓은 후 면을 채웁니다.

롱 앤드 쇼트s
3766(2)

백s 3347(2)
라인을 따라 두 줄
을 수놓습니다.

체인s 3348(2)

체인s 907(2)

체인s 725(2)

재료 : 수놓은 원단, 뒷면 원단, 면줄, 바늘, 재봉실

1

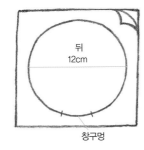

수놓은 원단의 뒤쪽에 자수가 중앙에 오도록 지름 약 12cm 원을 그리고 창구멍을 표시합니다. 같은 크기로 뒷면 원단을 한 장 더 재단합니다.

2

면줄은 약 6.6cm로 재단합니다(반으로 접어 2.3cm 고리로 사용, 시접 1cm).

3

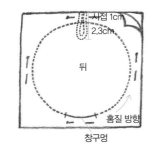

앞면과 뒷면을 겉면(자수가 있는 쪽)이 마주보도록 겹쳐 시침핀을 꽂은 후, 창구멍을 남겨두고 촘촘한 간격으로 홈질합니다. 창구멍 끝에서부터 홈질을 시작해서 위쪽 가운데 지점까지 갔을 때, 앞면과 뒷면 사이에 면줄을 끼워 넣습니다. 면줄은 고리 부분이 안쪽으로 향하게 하고 시접 1cm를 선에 맞추고 함께 홈질합니다.

4

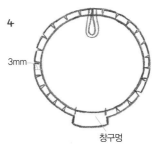

창구멍을 제외한 시접을 약 3mm 간격으로 짧게 자르고 전체적으로 가위집을 내줍니다.

5

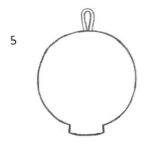

창구멍으로 뒤집어준 후, 막대를 넣어 모양을 잡아가며 다림질합니다. 이때 자수에는 열이 닿지 않도록 유의하며 뒷면에서 다림질합니다.

6

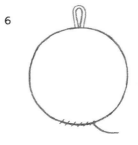

창구멍 안으로 시접을 접어 넣은 후 곡선의 형태를 잘 잡아가며 공그르기를 합니다.

How to make

· 태슬 만들기 ·

재료 : DMC 25번사 3354번, 두꺼운 종이 5cm, 가위

1

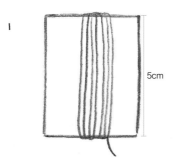

5cm

5cm로 자른 두꺼운 종이에 DMC 25번사 3354번을 약 10번 정도 감습니다.

2

종이를 빼내고, 감긴 실타래를 면줄에 걸어 반으로 접습니다.

3

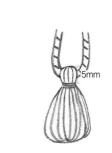

5mm

윗부분 약 5mm 지점을 같은 색 실로 3,4번 정도를 단단히 감은 후, 뒤쪽에서 2번 묶습니다. 묶은 후 실은 자르지 않고 실타래와 함께 아래로 내립니다.

4

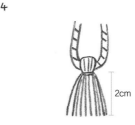

2cm

아래쪽 감긴 실타래 고리 부분을 모두 잘라주고, 길이가 약 2cm가 되도록 가위로 가지런히 정리해줍니다.

레트로 키 링

레트로 느낌의 테이프와 녹고 있는 아이스크림.
반쪽 사과. 색감이 밝고 귀여운 느낌의 레트로 키
링입니다. 각각 따로 수를 놓고, 재봉을 해서 참
장식처럼 키 링에 연결합니다. 뒷면에 브로치 침
을 붙이면 각각 브로치로도 활용이 가능합니다.

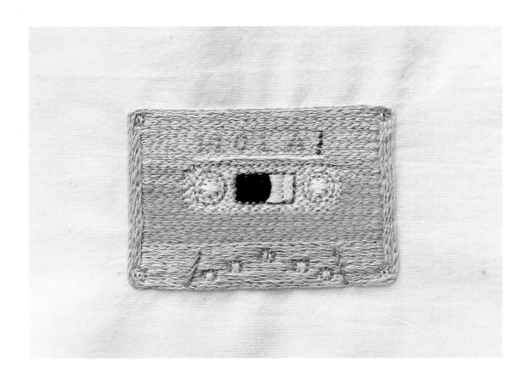

테이프

사용된 원단
광목 20수(백아이보리)

사용된 실
DMC 25번사 : 310, 318, 414, 415, 778, 798, 893, 3856, 3890, white

사용된 스티치
롱 앤드 쇼트 스티치, 백 스티치, 새틴 스티치, 스트레이트 스티치, 아우트라인 스티치, 체인 스티치

수놓기
• 각 모서리에 있는 나사와 아래 부분의 작은 동그라미, 네모를 먼저 수놓습니다. 그리고 전체 외곽 라인과 면(778)을 사방으로 둘러가며 아우트라인 스티치를 합니다. 그 후에 안쪽 면을 각 기법으로 수놓습니다.
• 영어 레터링과 그 아래의 라인(white)은 바탕 면을 체인 스티치를 한 후, 그 위로 수놓습니다.
• 영어 레터링은 4가닥으로 한 땀을 약 1~2mm 정도로 촘촘히 수놓습니다.

※도안 설명은 스티치→실 번호→(실의 가닥 수)로 표기했습니다.
예) 아우트라인s 437(2) : 437번 실 2가닥으로 아우트라인 스티치를 합니다.

How to make
· 스티치 | 도안 ·

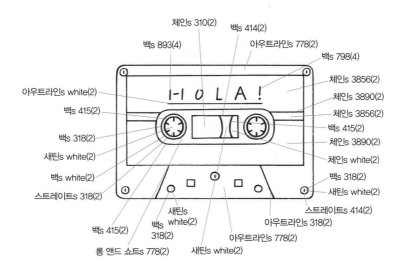

- 체인s 310(2)
- 백s 414(2)
- 백s 893(4)
- 아우트라인s 778(2)
- 백s 798(4)
- 아우트라인s white(2)
- 체인s 3856(2)
- 백s 415(2)
- 체인s 3890(2)
- 백s 318(2)
- 체인s 3856(2)
- 새틴s white(2)
- 백s 415(2)
- 백s white(2)
- 체인s 3890(2)
- 스트레이트s 318(2)
- 체인s white(2)
- 백s 318(2)
- 새틴s white(2)
- 스트레이트s 414(2)
- 백s 415(2)
- 새틴s white(2)
- 아우트라인s 318(2)
- 백s 318(2)
- 아우트라인s 778(2)
- 롱 앤드 쇼트s 778(2)
- 새틴s white(2)

아이스크림

사용된 원단
광목 20수(아이보리)

사용된 실
DMC 25번사 : 436, 817, 839, 3354, 3766, 3856, ECRU

사용된 스티치
롱 앤드 쇼트 스티치, 백 스티치, 새틴 스티치, 아웃라인 스티치,
체인 스티치

수놓기
• 아이스크림의 콘 부분은 먼저 체크 패턴을 아웃라인 스티치한
  후, 나누어진 칸을 새틴 스티치로 채웁니다.
• 아래쪽의 종이고깔 부분은 라인과 면을 채운 후, 가로 라인(3354)
  을 아웃라인 스티치합니다.

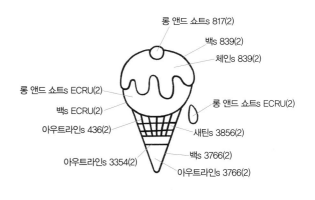

롱 앤드 쇼트s 817(2)
백s 839(2)
체인s 839(2)
롱 앤드 쇼트s ECRU(2)
백s ECRU(2)
아웃라인s 436(2)
롱 앤드 쇼트s ECRU(2)
새틴s 3856(2)
백s 3766(2)
아웃라인s 3354(2)
아웃라인s 3766(2)

How to make
•스티치 | 도안•

사과

사용된 원단
광목 20수(아이보리)

사용된 실
DMC 25번사 : 435, 676, 700, 745, 817, 898, ECRU

사용된 스티치
롱 앤드 쇼트 스티치, 백 스티치, 새틴 스티치, 아웃라인 스티치,
체인 스티치

수놓기
• 가장 외곽 라인부터 안쪽으로 들어가면서 순서대로 수놓습니다.
• 사과의 안쪽 면을 체인 스티치로 채운 후, 그 위로 사과씨 테두
리 라인을 아웃라인 스티치 합니다.

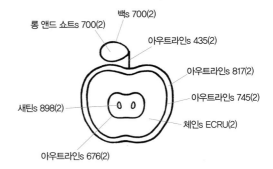

롱 앤드 쇼트s 700(2)
백s 700(2)
아웃라인s 435(2)
아웃라인s 817(2)
아웃라인s 745(2)
체인s ECRU(2)
새틴s 898(2)
아웃라인s 676(2)

How to make
·만들기·

재료 : 수놓은 원단, 뒷면 원단, 끈(트와인), 솜, 바늘, 재봉실, 열쇠고리

1

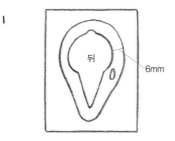

수놓은 원단의 뒤쪽에 자수의 외곽 라인을 따라 약 6mm 간격으로 완만하게 선을 그립니다.

2

끈을 4cm로 재단합니다(반으로 접어 1cm 고리로 사용, 시접 1cm).

3

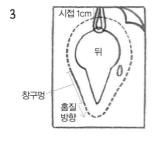

앞면과 뒷면을 겉면이 마주보게 겹친 후 창구멍을 남겨두고 촘촘한 간격으로 홈질합니다. 창구멍 끝에서부터 바느질을 시작해서 위쪽 가운데 지점까지 갔을 때, 앞면과 뒷면 사이에 끈을 끼워 넣습니다. 반으로 접은 끈의 고리 부분을 안쪽으로 향하게 하고, 시접 1cm를 바느질선에 맞춰 함께 홈질합니다(테이프는 영어 레터링 'H' 쪽 모서리에 같은 방법으로 끈을 넣습니다).

4

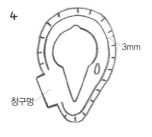

창구멍을 제외한 시접을 약 3mm 간격으로 짧게 자르고 전체적으로 가위집을 내줍니다.

5

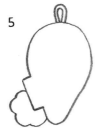

창구멍으로 뒤집어준 후 막대를 넣어 모양을 잡고, 좁은 부분부터 솜을 채워 넣습니다.

6

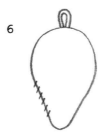

창구멍 안으로 시접을 접어 넣은 후 공그르기를 합니다.

7

열쇠고리 가운데에 완성된 테이프를 먼저 걸고 양쪽으로 아이스크림과 사과를 걸어줍니다.

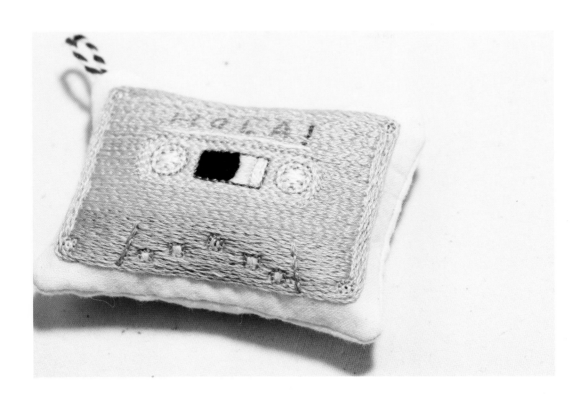

꽃 파우치

꽃이 한창 피어날 4월과 5월의 화사함을 스티치한 파우치예요.
비커에 소담스럽게 담긴 꽃송이와 파릇한 이파리로 봄을 표현했
습니다.

How to make
• 스티치 | 도안 •

꽃 파우치

사용된 원단
캔버스 10수(화이트)

사용된 실
DMC 25번사 : 151, 317, 318, 415, 435, 470, 699, 732, 906, 907, 938, ECRU

사용된 스티치
레이지 데이지 스티치, 리프 스티치, 백 스티치, 스트레이트 스티치, 아웃라인 스티치,
체인 스티치

수놓기
• 먼저 파우치 도안을 그리고 재단한 후, 자수 도안을 그리고 수놓습니다.
• 비커 입구는 줄기 위로 겹쳐지도록 가장 나중에 수놓습니다.
• April(에이프릴) 쪽의 938번, 435번 가지는 두께감이 생기도록 라인을 따라 나란히 2번 수놓습니다.
• 영어 레터링은 한 땀을 약 1mm 정도로 촘촘히 수놓습니다.

How to make
• 스티치 | 도안 •

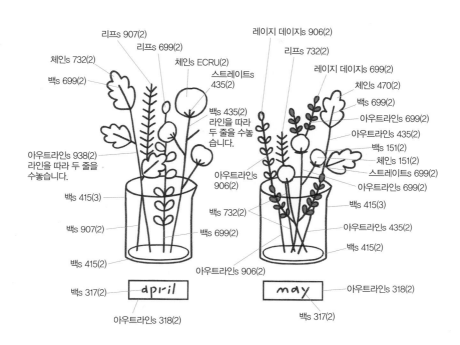

리프s 907(2)
리프s 699(2)
체인s 732(2)
체인s ECRU(2)
백s 699(2)
스트레이트s 435(2)

백s 435(2) 라인을 따라 두 줄을 수놓습니다.

아웃라인s 938(2) 라인을 따라 두 줄을 수놓습니다.

백s 415(3)

백s 907(2)

백s 415(2)

백s 317(2)

아웃라인s 318(2)

아웃라인s 906(2)

백s 732(2)

백s 699(2)

레이지 데이지s 906(2)
리프s 732(2)
레이지 데이지s 699(2)
체인s 470(2)
백s 699(2)
아웃라인s 699(2)
아웃라인s 435(2)
백s 151(2)
체인s 151(2)
스트레이트s 699(2)
아웃라인s 699(2)

아웃라인s 906(2)

백s 415(3)

아웃라인s 435(2)

백s 415(2)

아웃라인s 318(2)

백s 317(2)

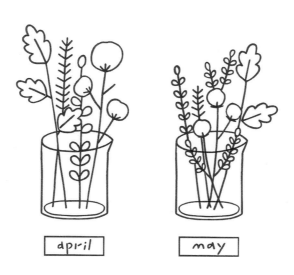

※도안 설명은 스티치→실 번호→(실의 가닥 수)로 표기했습니다.
예) 아웃라인s 437(2) : 437번 실 2가닥으로 아웃라인 스티치를 합니다.

How to make
·만들기·

재료 : 캔버스 10수 화이트 16.5×37cm(겉감), 광목 20수 내추럴 16.5×37cm(안감), 스냅단추 2쌍,
　　　재봉실, 바늘, 자, 가위
※3번 순서부터는 자수를 한 후 진행합니다.

1

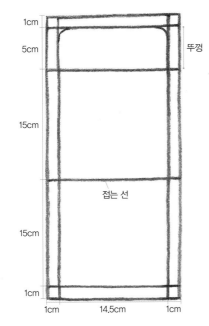

겉감과 안감 원단에 파우치 도안을 그리고 재단합니다.
선을 다 그은 후 뚜껑의 양끝 부분을 둥글게 그려줍니다.

2

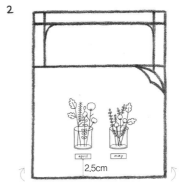

겉감에 자수 도안을 그립니다. 먼저 선이 안으로
향하도록 15cm 지점의 접는 선을 따라 접어 올
립니다. 그림과 같이 아래에서부터 약 2.5cm가
되는 위치에 자수 도안이 중앙에 오도록 그리고,
원단을 다시 펴서 수를 놓습니다.

3

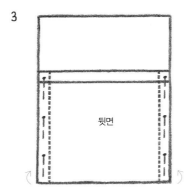

겉감을 자수가 안쪽으로 향하도록 15cm 지점의 접는 선을 따라 접고,
시침핀으로 고정시킨 후 양 옆선을 박음질합니다. 안감도 재단선이 겉
으로 오도록 접고 같은 방식으로 박음질합니다.

4

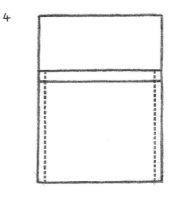

겉감과 안감을 박음질한 부분의 시접만 짧게 자르고
아래쪽 끝부분은 사선으로 자릅니다.

How to make
• 만들기 •

5

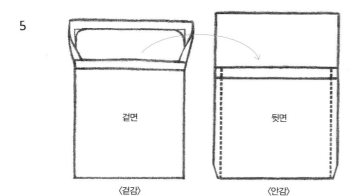

〈겉감〉　　　　〈안감〉

겉감만 겉면이 보이도록 뒤집습니다. 그리고 뒤집은 겉감을
뒤집지 않은 안감 안으로 겹쳐 넣습니다.

6

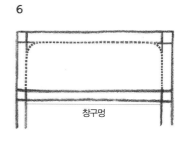

창구멍

뚜껑 부분의 겉감과 안감을 앞뒤로 재단선을
잘 맞춰 시침핀으로 고정하고, 뚜껑의 옆선
과 윗선을 홈질합니다.

7

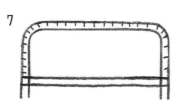

뚜껑의 시접을 짧게 잘라주고 전체적으로
가위집을 냅니다.

8

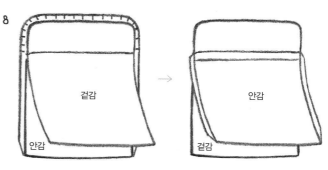

겉감　　　안감

안감　　　겉감

안감 안에 넣었던 겉감의 몸체를 다시 빼내고 뚜껑 부분을
뒤집습니다. 그리고 겉감 안으로 안감을 넣어 정리합니다.

9

입구 쪽 시접을 겉감과 안감이 마주보게 접어내리고
공그르기를 해서 창구멍을 막아줍니다.

How to make
•만들기•

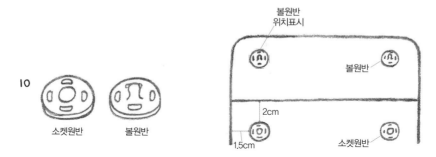

볼원반
위치표시

볼원반

소켓원반

2cm

1.5cm

소켓원반

볼원반

뚜껑의 안쪽 면, 양쪽 가장자리에 스냅단추를 달아줍니다. 스냅단추는 오목한 소켓 원반과 볼록한 볼 원반이 한 쌍입니다. 먼저 파우치의 앞면 몸체 부분에 가로 약 1.5cm, 세로로 약 2cm 지점에 소켓을 달아줍니다. 그리고 소켓에 볼을 꽂고 파우치 뚜껑을 닫아서 뚜껑의 안쪽 면에 볼을 달아줄 위치를 사방으로 표시합니다. 표시한 위치에 볼을 잘 맞추어서 달아줍니다. 다른 쪽 가장자리에도 같은 방법으로 단추를 달아줍니다.

*스냅단추 달기

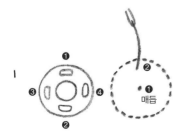

그림과 같이 ❶, ❷, ❸, ❹ 순서대로 단춧구멍을 꿰맵니다. 매듭이 보이지 않도록 하기 위해 단추가 위치할 중심 부분에 겉면 쪽에서 바늘을 꽂아 1번 단춧구멍 쪽으로 바늘을 빼냅니다.

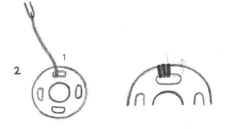

바늘을 1번 단춧구멍에 통과시키고, 단추 바깥쪽에서 구멍 안쪽으로 3, 4번 정도 단단히 둘러 땀을 떠줍니다.

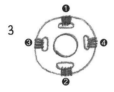

2, 3, 4번 구멍도 순서대로 같은 방법으로 꿰맨 후 매듭지어줍니다. 볼 원반도 같은 방법으로 달아줍니다. 뚜껑 안쪽의 볼 원반은 겉감과 같이 꿰매지 않도록 유의합니다.

선인장 오너먼트

체인 스티치로 수놓은 선인장 오너먼트입니다.
봄의 향기를 가득 담은 화분으로 실내를 따뜻하
게 장식해보세요.

How to make
• 스티치 | 도안 •

선인장 오너먼트

사용된 원단
광목 16수(내추럴)

사용된 실
DMC 25번사 : 352, 414, 435, 732, 747, 3348, 3814, 3824

사용된 스티치
레이지 데이지 스티치, 백 스티치, 스트레이트 스티치, 체인 스티치

수놓기
• 화분
– 입구의 안쪽 라인과 바닥 라인은 백 스티치를 하고, 면은 세로로 체인 스티치합니다.
– 영어 레터링은 한 땀을 약 1mm 정도로 촘촘히 수놓고, 바탕 면은 비워둡니다.
• 꽃 : 체인 스티치로 면을 채운 후, 그 위로 스트레이트 스티치를 합니다.
• 흙 : 라인을 따라 바깥쪽에서 안쪽으로 둥글게 둘러가며 수놓습니다.

※도안 설명은 스티치→실 번호→(실의 가닥 수)로 표기했습니다.
예) 아웃트라인s 437⑵ : 437번 실 2가닥으로 아웃트라인 스티치를 합니다.

How to make
• 스티치 | 도안 •

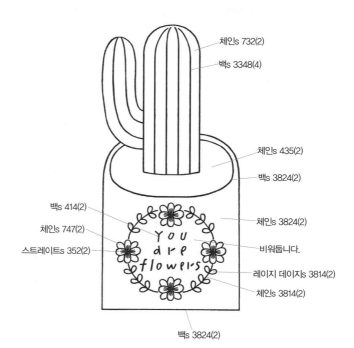

체인s 732(2)

백s 3348(4)

체인s 435(2)

백s 3824(2)

백s 414(2)

체인s 747(2)

체인s 3824(2)

스트레이트s 352(2)

비워둡니다.

레이지 데이지s 3814(2)

체인s 3814(2)

백s 3824(2)

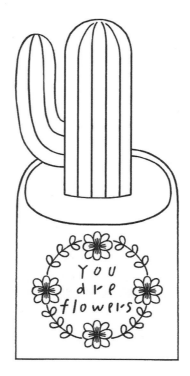

How to make
·만들기·

재료 : 수놓은 원단, 뒷면 원단, 면줄, 구름솜, 바늘, 재봉실

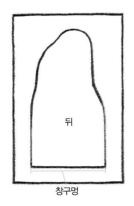

수놓은 원단의 뒤쪽에 자수의 윤곽을 따라 약 8mm 간격으로 완만하게 선을 그어 재단합니다. 같은 크기로 뒷면 원단을 한 장 더 재단합니다(창구멍 : 화분 밑부분).

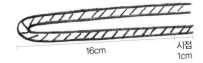

면줄은 34cm로 재단합니다(반을 접어 16cm로 사용, 시접 1cm).

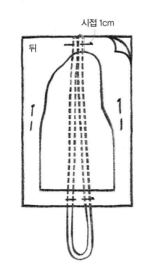

수놓은 원단과 뒷면 원단을 겉면이 마주보게 겹치고, 그 사이에 재단해놓은 면줄을 놓고 시침핀으로 고정합니다. 그림과 같이 면줄은 고리 부분이 아래쪽으로 향하게 하고, 위쪽 시접 1cm를 바느질선에 맞추어 놓습니다.

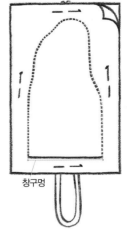

창구멍을 남겨두고 촘촘한 간격으로 전체를 홈질합니다.

5

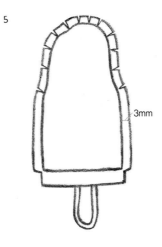

3mm

창구멍을 제외한 시접을 약 3mm 간격으로 짧게 잘라주고
곡선 부분은 가위집을 내줍니다.

6

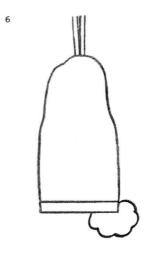

창구멍으로 뒤집은 후 막대를 넣어 모양을 잡아주고,
좁은 부분부터 솜을 넣어 채워줍니다.

7

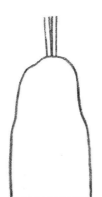

창구멍 안으로 시접을 접어 넣고 공그르기를 합니다.

크리스마스 카드

포근한 느낌이 물씬 풍기는 작은 크리스마스 카드입니다. 체크 패턴의 패브릭과 도안이 잘 어우러져 겨울의 따뜻한 계절감을 느끼게 해줍니다. 정성을 담아 한 땀 한 땀 수놓은 카드로 소중한 사람에게 마음을 전해보세요.

크리스마스 카드

사용된 원단
면 20수(체크)

사용된 실
DMC 25번사 : 699, 817, ECRU, White

사용된 스티치
롱 앤드 쇼트 스티치, 리프 스티치, 백 스티치, 새틴 스티치, 아웃라인 스티치, 프렌치 노트 스티치

수놓기
- 영어 레터링은 4가닥으로 한 땀을 약 1~2mm 정도로 촘촘히 수놓습니다.
- 모자 방울과 빨간 열매는 2가닥으로 4번 감아 프렌치 노트 스티치를 합니다. 모자 방울은 라인을 먼저 수놓고, 면을 촘촘히 채웁니다.
- 나뭇잎의 가운데 라인은 수놓지 않습니다. 이 라인을 기준으로 양쪽 면을 한 면씩 새틴 스티치합니다.

How to make
•스티치 | 도안•

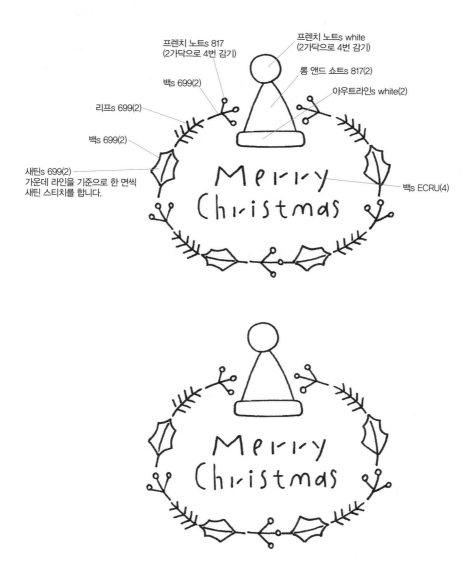

프렌치 노트s 817
(2가닥으로 4번 감기)

프렌치 노트s white
(2가닥으로 4번 감기)

롱 앤드 쇼트s 817(2)

백s 699(2)

리프s 699(2)

아우트라인s white(2)

백s 699(2)

새틴s 699(2)
가운데 라인을 기준으로 한 면씩
새틴 스티치를 합니다.

백s ECRU(4)

Merry Christmas

Merry Christmas

※도안 설명은 스티치→실 번호→(실의 가닥 수)로 표기했습니다.
예) 아우트라인s 437(2) : 437번 실 2가닥으로 아우트라인 스티치를 합니다.

How to make
·카드 만들기·

재료 : 수놓은 원단, 두꺼운 흰색 종이(반누보 227g), 연필, 자, 칼, 가위, 본드(공예용)

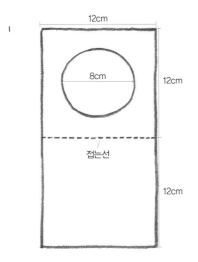

두꺼운 흰색 종이에 카드 도안을 그리고 외곽선을 따라 자른 후, 접는 선을 따라 반으로 접습니다. 책에서 쓰인 종이는 '반누보' 227g입니다.

가운데 원을 칼로 오려냅니다. 칼로 깔끔하게 오려야 하지만, 전체를 칼로 오리기가 힘들다면 그림과 같이 가운데를 열십자로 오립니다. 그리고 가위 날이 들어가 움직일 수 있을 정도만 칼로 원의 일부를 오린 후, 가위로 마저 잘라냅니다.

수놓은 원단의 둘레를 2cm 간격의 사각으로 자릅니다. 4면의 가장 외곽 자수 끝에서부터 2cm 간격입니다(시계방향으로 모자방울→나뭇잎→빨간 열매→나뭇잎).

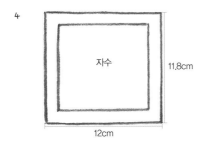

카드와 같은 종이를 12×11.8cm로 자르고, 가운데에 잘라놓은 자수 원단을 붙입니다. 자수의 둘레 1cm 안으로 본드가 묻지 않도록 유의하며, 자수 원단의 4면 가장자리에만 본드를 얇게 바릅니다.

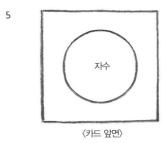

〈카드 앞면〉

카드의 원을 오려낸 안쪽 면에 자수가 밖으로 보이도록 자수 종이를 붙입니다. 이때 카드를 펴고 접을 때 방해가 되지 않도록 접힌 부분의 반대쪽 끝에 자수 종이를 맞추어 붙입니다.

How to make
· 봉투 만들기 ·

재료 : 트레이싱지(112g), 연필, 지우개, 자, 칼, 고체 풀, DMC 25번사 white, 바늘

1
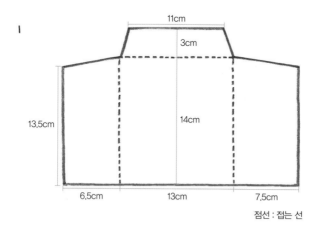

점선 : 접는 선

두꺼운 트레이싱지에 봉투 도안을 그리고 자릅니다.

2
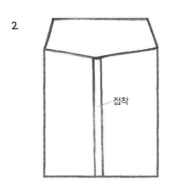

접는 선을 따라 양옆을 접고, 겹쳐지는 부분에
고체 풀을 발라 붙입니다.

3

봉투 아랫부분을 막아줍니다. 먼저 뚜껑 쪽 면의
아래에 1cm 간격으로 연필로 연하게 선을 긋습
니다. 그 선에 5mm 간격으로 바늘로 자국을 남
기고 연필 선은 지웁니다. 25번사 white 2가닥
으로 바늘 자국을 따라 박음질합니다.

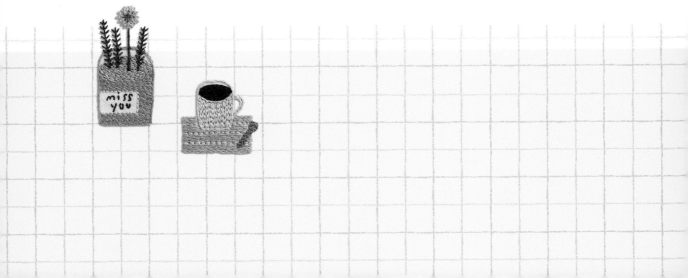

Part · 3
일러스트 자수

봄날의 오후

나른하게 하품이 나오는 봄날의 오후, 창가에 올려둔 꽃병을 담은
도안입니다. 크기에 비해 복잡하지 않은 도안과 기법들로 그야말로
봄의 따뜻함을 즐기며 여유롭게 수놓기 좋은 도안입니다.

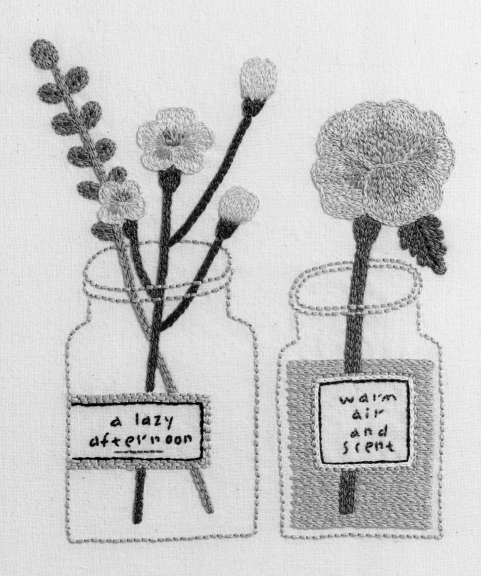

a lazy
afternoon

warm
air
and
scent

How to make
• 스티치 | 도안 •

봄날의 오후

사용된 원단
광목 16수(내추럴)

사용된 실
DMC 25번사 : 151, 310, 317, 414, 415, 648, 669, 702, 725, 727, 760, 907, 987, 3354, 3799, 3890, white

사용된 스티치
롱 앤드 쇼트 스티치, 백 스티치, 스트레이트 스티치, 체인 스티치

수놓기
• 꽃 : 라인을 체인 스티치한 후 면을 채웁니다.
• 큰 나뭇잎 : 잎의 가운데 라인을 기준으로 한 면씩 체인 스티치를 합니다. 면을 채운 후 가운데 라인을 백 스티치합니다.
• 병
– 줄기 위로 겹쳐지는 병 입구 라인은 가장 나중에 수놓습니다.
– 영어 레터링은 한 땀을 약 1~2mm 정도로 촘촘히 수놓습니다.
– 병 안쪽 면과 영어레터링의 바탕 면은 비워둡니다.
• 물 : 가로로 체인 스티치를 합니다.

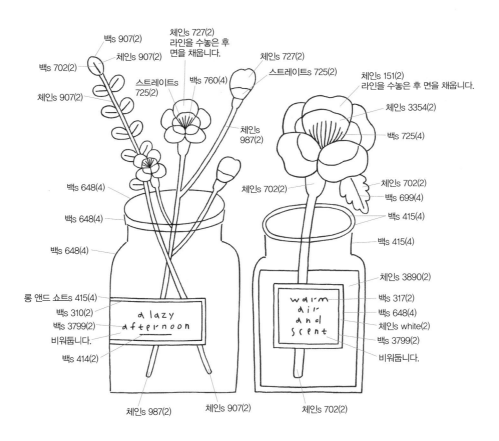

백s 907(2)
체인s 907(2)
체인 727(2) 라인을 수놓은 후 면을 채웁니다.
체인 727(2)
백s 702(2)
스트레이트s 725(2)
백s 760(4)
스트레이트s 725(2)
체인 151(2) 라인을 수놓은 후 면을 채웁니다.
체인s 907(2)
체인s 3354(2)
백s 725(4)
체인s 987(2)
백s 648(4)
체인s 702(2)
체인s 702(2)
백s 699(4)
백s 648(4)
백s 415(4)
백s 648(4)
백s 415(4)
롱 앤드 쇼트s 415(4)
체인s 3890(2)
백s 310(2)
백s 317(2)
백s 3799(2)
백s 648(4)
비워둡니다.
체인s white(2)
백s 414(2)
백s 3799(2)
비워둡니다.
체인s 987(2)
체인s 907(2)
체인s 702(2)

a lazy afternoon

warm air and scent

※도안 설명은 스티치→실 번호→(실의 가닥 수)로 표기했습니다.
예) 아우트라인s 437(2) : 437번 실 2가닥으로 아우트라인 스티치를 합니다.

How to make

Good Bye Sadness

Good Bye Sadness, Hello Happiness! 슬픔은 가고, 기쁨이여 오라!
자수 'Hello Happiness!'와 컵에 적힌 영어 레터링이 이어지는 도안입니다.
따끈한 커피와 갓 구운 토스트. 보는 것만으로도 말랑하고 따뜻하게 마음을
위로받는 듯한 느낌을 표현했습니다.

Good Bye Sadness

사용된 원단
광목 16수(내추럴)

사용된 실
DMC 25번사 : 301, 317, 414, 415, 553, 676, 745, 792, 803, 817, 839, 939, 3856, white

사용된 스티치
롱 앤드 쇼트 스티치, 백 스티치, 스트레이트 스티치, 아웃라인 스티치, 체인 스티치

수놓기
• 컵
– 영어 레터링은 한 땀을 약 1mm 정도로 촘촘히 수놓고 바탕 면(컵 안쪽)은 비워둡니다.
– 입구 라인과 바닥 라인은 나란히 2번 아웃라인 스티치를 합니다.
– 아래쪽에 가로로 들어간 라인(414)은 세로선의 1칸을 한 땀으로 하여 총 여섯 땀을 백 스티치합니다.
• 식빵 : 라인을 따라 빙 둘러 바깥쪽에서 안쪽으로 체인 스티치를 합니다.
• 블루베리 : 블루베리는 2가지입니다. 553번+792번, 553번+803번을 각각 1가닥씩 섞어 구분하여 수놓습니다.
• 초코 크림 : 과일을 먼저 수놓은 후, 4가닥으로 라인을 따라 둘러가며 바깥쪽에서 안쪽으로 아웃라인 스티치를 합니다.
• 숟가락 : 머리 부분은 라인을 따라 바깥쪽에서 안쪽으로 둥글게 수놓습니다.

How to make
· 스티치 | 도안 ·

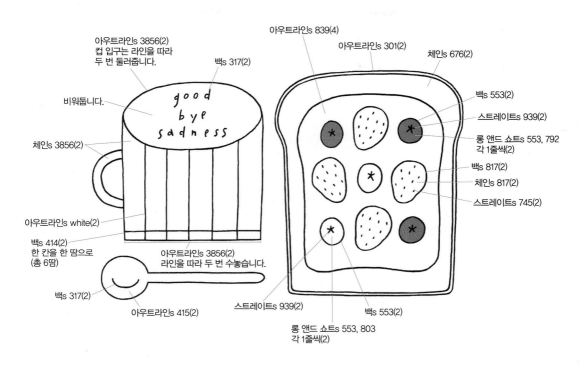

아우트라인s 3856(2)
컵 입구는 라인을 따라
두 번 둘러줍니다.

비워둡니다.

백s 317(2)

good
bye
sadness

체인s 3856(2)

아우트라인s white(2)

백s 414(2)
한 칸을 한 땀으로
(총 6땀)

백s 317(2)

아우트라인s 415(2)

아우트라인s 3856(2)
라인을 따라 두 번 수놓습니다.

아우트라인s 839(4)

아우트라인s 301(2)

체인s 676(2)

백s 553(2)

스트레이트s 939(2)

롱 앤드 쇼트s 553, 792
각 1줄씩(2)

백s 817(2)

체인s 817(2)

스트레이트s 745(2)

스트레이트s 939(2)

백s 553(2)

롱 앤드 쇼트s 553, 803
각 1줄씩(2)

good
bye
sadness

※도안 설명은 스티치→실 번호→(실의 가닥 수)로 표기했습니다.
예) 아우트라인s 437(2) : 437번 실 2가닥으로 아우트라인 스티치를 합니다.

173

Hello Happiness!

Good Bye Sadness, Hello Happiness! 슬픔은 가고, 기쁨이여 오라!
자수 'Good Bye Sadness'와 컵에 적힌 영어 레터링이 이어지는 도안
입니다. 부드러운 도넛과 따뜻한 우유 한 잔, 입 안 가득한 달콤함이 마
음을 위로해줍니다.

How to make
•스티치 | 도안•

Hello Happiness!

사용된 원단
광목 16수(내추럴)

사용된 실
DMC 25번사 : 317, 318, 415, 444, 700, 783, 798, 818, 898, 3856

사용된 스티치
백 스티치, 스트레이트 스티치, 아우트라인 스티치, 체인 스티치

수놓기
•컵
– 입구는 라인을 따라 2번 아우트라인 스티치합니다.
– 영어 레터링은 한 땀을 약 1mm 정도로 촘촘히 수놓고, 바탕 면(컵 안쪽 면)은 비워둡니다.
– 체크패턴을 백 스티치한 후, 면은 가로로 체인 스티치를 합니다.
•도넛 : 초코를 수놓은 후, 위에 뿌려진 스프링클을 색깔별로 스트레이트 스티치합니다.
•포크 : 라인을 먼저 수놓은 후, 면을 채워줍니다.

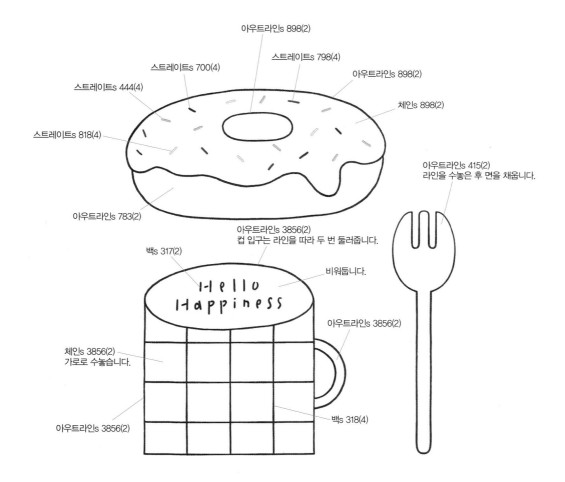

아우트라인s 898(2)

스트레이트s 798(4)

스트레이트s 700(4)

아우트라인s 898(2)

스트레이트s 444(4)

체인s 898(2)

스트레이트s 818(4)

아우트라인s 415(2)
라인을 수놓은 후 면을 채웁니다.

아우트라인s 783(2)

아우트라인s 3856(2)
컵 입구는 라인을 따라 두 번 둘러줍니다.

백s 317(2)

비워둡니다.

아우트라인s 3856(2)

체인s 3856(2)
가로로 수놓습니다.

아우트라인s 3856(2)

백s 318(4)

※도안 설명은 스티치→실 번호→(실의 가닥 수)로 표기했습니다.
예) 아우트라인s 437(2) : 437번 실 2가닥으로 아우트라인 스티치를 합니다.

생일 축하해

달콤한 케이크와 선물, 작은 초들까지. 1년 중 가장 특별한 하루를
표현한 생일 축하 도안입니다. 소중한 사람을 생각하며 따뜻한 생
일 자수를 수놓아보세요.

Happy Birthday

How to make

• 스티치 | 도안 •

생일 축하해

사용된 원단
광목 16수(내추럴)

사용된 실
DMC 25번사 : 210, 221, 318, 415, 434, 435, 437, 699, 700, 741, 745, 747, 783, 434, 817, 842, 938, 3799, 3820, 3890, ECRU, white

사용된 스티치
리프 스티치, 롱 앤드 쇼트 스티치, 백 스티치, 새틴 스티치, 스트레이트 스티치, 체인 스티치

수놓기
• 'Happy Birthday' 영어 레터링은 4가닥으로 백 스티치를 합니다.

• 케이크
– 빵과 초코 부분은 라인을 먼저 백 스티치한 후, 면을 체인 스티치로 채웁니다.
– 딸기와 체리는 각각 2가지 색입니다. 도안에 면이 채워진 딸기와 체리는 221번, 라인만 있는 딸기와 체리는 817번으로 수놓습니다.
• 도마 : 외곽 라인을 먼저 체인 스티치하고, 면을 가로로 채웁니다. 그 후 가운데 모서리 라인(434)을 백 스티치 합니다.
• 접시 : 영어 레터링을 먼저 수놓은 후, 체인 스티치로 면을 채웁니다. 영어 레터링은 한 땀을 약 1mm 정도로 촘촘히 수놓습니다.
• 선물 상자 : 옆면은 체인 스티치로, 윗면은 롱 앤드 쇼트 스티치로 채웁니다.

Happy Birthday

백s 318(4)

스트레이트s 700(2)
롱 앤드 쇼트s 221(2)
스트레이트s 842(2)
백s 817(2)
롱 앤드 쇼트s 817(2)
새틴s 817(2)
백s 699(2)
리프 700(2)
체인s 938(2)
백s 938(2)

체인s 745(2)
백s 700(2)
새틴s ECRU(2)
백s 3820(2)
백s 699(2)
새틴s 221(2)
백s 221(2)
롱 앤드 쇼트s 221(2)
스트레이트s 437(2)

체인s 783(2)
라인을 수놓은 후 면을 채웁니다.

스트레이트s 415(2)
백s 741(2)
체인s 741(2)

체인s 3890(2)
백 s210(2)
체인s 210(2)
백s 3890(2)

백s 699(2)
체인s 699(2)
롱 앤드 쇼트s white(2)
백s 415(2)
체인s white(2)

백s 434(2)
백s 817(2)
체인s 817(2)
백s 745(2)
롱 앤드 쇼트s 747(2)
백s 415(2)
체인s 747(2)

체인s 745(2)
롱 앤드 쇼트s 435(2)

thank you
백s 3799(2)
백s 318(2)
백s 415(2)
체인s white(2)

※도안 설명은 스티치→실 번호→(실의 가닥 수)로 표기했습니다.
예) 아웃라인s 437(2) : 437번 실 2가닥으로 아웃라인 스티치를 합니다.

Happy Birthday

가을

선선한 가을을 떠올리면 선명한 원색으로 빨갛고, 노랗게 물든 거리가
가장 먼저 생각이 납니다. 단풍잎과 은행잎, 도토리를 두른 풍성한 리스
가운데에 흘려 적은 영어 레터링으로 가을을 멋스럽게 표현했습니다.

How to make

• 스티치 | 도안 •

가을

사용된 원단
광목 16수(내추럴)

사용된 실
DMC 25번사 : 221, 301, 434, 435, 436, 437, 444, 725, 817, 839, 938

사용된 스티치
레이지 데이지 스티치, 롱 앤드 쇼트 스티치, 리프 스티치, 백 스티치, 체인 스티치, 프렌치 노트 스티치

수놓기
• 영어 레터링은 3가닥으로 체인 스티치합니다.
• 프렌치 노트 스티치는 2가닥으로 4번 감습니다.
• 나뭇잎의 가운데 라인은 수놓지 않습니다. 이 라인을 기준으로 한 면씩 체인 스티치를 합니다.

※도안 설명은 스티치→실 번호→(실의 가닥 수)로 표기했습니다.
예) 아웃트라인s 437(2) : 437번 실 2가닥으로 아웃트라인 스티치를 합니다.

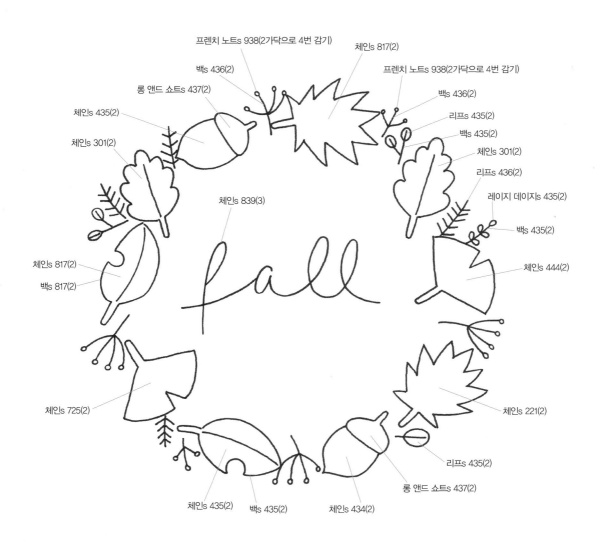

프렌치 노트s 938(2가닥으로 4번 감기)
백s 436(2)
롱 앤드 쇼트s 437(2)
체인s 435(2)
체인s 301(2)
체인s 839(3)
체인s 817(2)
백s 817(2)
체인s 725(2)
체인s 435(2)
백s 435(2)
체인s 434(2)
롱 앤드 쇼트s 437(2)
리프s 435(2)
체인s 221(2)
체인s 444(2)
백s 435(2)
레이지 데이지s 435(2)
리프s 436(2)
체인s 301(2)
백s 435(2)
리프s 435(2)
백s 436(2)
체인s 817(2)
프렌치 노트s 938(2가닥으로 4번 감기)

How to make

•스티치 | 도안•

cafe

따뜻하고 한가로운 카페의 분위기를 표현했습니다.
크지 않은 도안이어서 작은 액자로 만들어 인테리
어 소품으로 활용하면 좋습니다.

How to make
• 스티치 | 도안 •

cafe

사용된 원단
광목 16수(내추럴)

사용된 실
DMC 25번사 : 168, 310, 414, 415, 435, 437, 444, 648, 699, 725, 741, 760, 783, 898, 931, 3799

사용된 스티치
롱 앤드 쇼트 스티치, 리프 스티치, 백 스티치, 새틴 스티치, 스트레이트 스티치, 아웃라인 스티치, 체인 스티치

수놓기
- 전등, 화분, 컵은 전체 외곽 라인을 먼저 수놓은 후 면을 채웁니다.
- 전등갓과 화분은 가로로, 컵은 세로로 면을 채웁니다.
- 전등갓 안쪽 면, 화분 안쪽 면, 영어 레터링 바탕 면, 컵 안쪽 면은 비워둡니다.
- 전구는 필라멘트를 먼저 백 스티치한 후, 면을 롱 앤드 쇼트 스티치로 채웁니다.
- 꽃은 중앙에서 바깥쪽으로 체인 스티치를 해서 전체 면을 채운 후, 그 위로 안쪽 라인(931)을 스트레이트 스티치합니다.
- 영어 레터링은 한 땀을 약 1mm 정도로 촘촘히 수놓습니다.

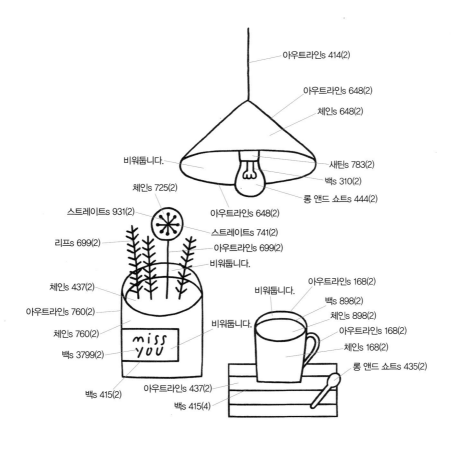

아웃라인s 414(2)
아웃라인s 648(2)
체인s 648(2)
비워둡니다.
새틴s 783(2)
백s 310(2)
롱 앤드 쇼트s 444(2)
체인s 725(2)
아웃라인s 648(2)
스트레이트s 931(2)
스트레이트s 741(2)
리프s 699(2)
아웃라인s 699(2)
비워둡니다.
체인s 437(2)
아웃라인s 760(2)
체인s 760(2)
백s 3799(2)
백s 415(2)
아웃라인s 437(2)
백s 415(4)
비워둡니다.
비워둡니다.
아웃라인s 168(2)
백s 898(2)
체인s 898(2)
아웃라인s 168(2)
체인s 168(2)
롱 앤드 쇼트s 435(2)

miss you

※도안 설명은 스티치→실 번호→(실의 가닥 수)로 표기했습니다.
예) 아웃라인s 437(2) : 437번 실 2가닥으로 아웃라인 스티치를 합니다.

How to make

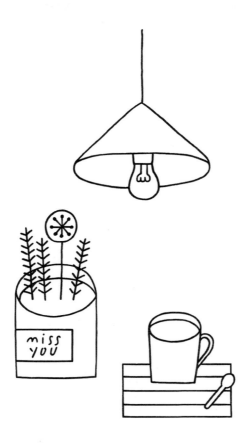

꽃집

꽃집 앞을 지나가면 자연스럽게 걸음이 느려집니다. 막 봉우리를 피운
꽃 화분들은 보기만 해도 기분이 좋아지는데요. 화분마다 다른 스티치
로 꽃을 표현해서 지루하지 않고 풍성한 느낌을 주는 도안입니다.

How to make
• 스티치 •

꽃집

사용된 원단
광목 16수(내추럴)

사용된 실
DMC 25번사 : 168, 301, 317, 318, 352, 414, 415,
435, 437, 470, 676, 700, 702, 725, 741, 745, 747,
817, 906, 3345, 3731, white

사용된 스티치
레이지 데이지 스티치, 롱 앤드 쇼트 스티치, 리프 스
티치, 백 스티치, 새틴 스티치, 스트레이트 스티치, 아
웃라인 스티치, 체인 스티치, 프렌치 노트 스티치

수놓기
• 꽃
– 첫 번째 화분의 프렌치 노트 스티치는 4가닥으로

3번 감습니다. 라인을 따라 수놓은 후, 면을 촘촘히
채웁니다.
– 'amor' 화분의 꽃 중심(747)은 한 땀을 작게 스트레
이트 스티치를 합니다.
– 'made' 화분의 꽃은 면이 가득 차도록 여러 번 레
이지 데이지 스티치를 합니다.
• 잎 : 첫 번째 화분 잎의 가운데 라인은 수놓지 않습
니다. 이 라인을 기준으로 한 면씩 체인 스티치를
합니다.
• 흙 : 바깥쪽에서 안쪽으로 둥글게 수놓습니다.
• 화분
– 'made' 화분은 가로로, 나머지 화분은 세로로 면
을 채웁니다.
– 영어 레터링은 한 땀을 약 1mm 정도로 촘촘히 수
놓고, 바탕 면은 비워둡니다.

How to make
• 스티치 •

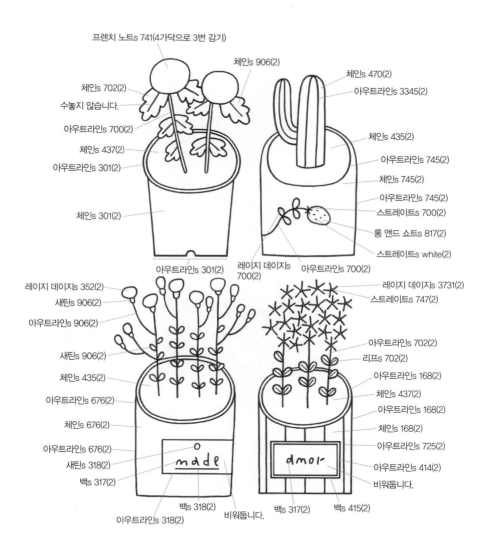

프렌치 노트s 741(4가닥으로 3번 감기)

체인s 906(2)

체인s 470(2)

아우트라인s 3345(2)

체인s 702(2)

수놓지 않습니다.

아우트라인s 700(2)

체인s 435(2)

체인s 437(2)

아우트라인s 745(2)

아우트라인s 301(2)

체인s 745(2)

아우트라인s 745(2)

스트레이트s 700(2)

체인s 301(2)

롱 앤드 쇼트s 817(2)

스트레이트s white(2)

아우트라인s 301(2)

레이지 데이지s 700(2)

아우트라인s 700(2)

레이지 데이지s 352(2)

레이지 데이지s 3731(2)

새틴s 906(2)

스트레이트s 747(2)

아우트라인s 906(2)

아우트라인s 702(2)

새틴s 906(2)

리프s 702(2)

체인s 435(2)

아우트라인s 168(2)

아우트라인s 676(2)

체인s 437(2)

체인s 676(2)

아우트라인s 168(2)

아우트라인s 676(2)

체인s 168(2)

새틴s 318(2)

아우트라인s 725(2)

백s 317(2)

아우트라인s 414(2)

비워둡니다.

백s 318(2)

비워둡니다.

아우트라인s 318(2)

백s 317(2)

백s 415(2)

※도안 설명은 스티치→실 번호→(실의 가닥 수)로 표기했습니다.
예) 아우트라인s 437(2) : 437번 실 2가닥으로 아우트라인 스티치를 합니다.

How to make
·도안·

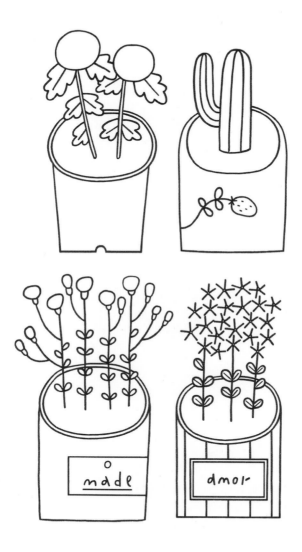

별이 쏟아지는 밤-

별이 쏟아질 것만 같은 까만 밤하늘을 담은 1가지 색 자수입니다.
짙고 어두운 색감의 패브릭에 흰색실로 수를 놓아 조용한 밤의 분
위기를 한껏 표현한 도안입니다. 4가지의 간단한 기법과 1가지 색
으로 가볍게 수놓아보세요.

How to make
• 스티치 | 도안 •

별이 쏟아지는 밤

사용된 원단
린넨(차콜)

사용된 실
DMC 25번사 : white

사용된 스티치
더블 크로스 스티치, 롱 앤드 쇼트 스티치, 백 스티치, 크로스 스티치

수놓기
• 모두 25번사 White 2가닥으로 수놓습니다.

크로스s white(2)
더블 크로스s white(2)
롱 앤드 쇼트s white(2)
백s white(2)
크로스s white(2)
백s white(2)

※도안 설명은 스티치→실 번호→(실의 가닥 수)로 표기했습니다.
예) 아웃라인s 437(2) : 437번 실 2가닥으로 아웃라인 스티치를 합니다.

빈티지 꽃병

라벨이 붙은 빈티지한 느낌의 유리병에 꽃을 꽂은 빈티지 꽃병 도안입니다.
선명한 색의 꽃과 함께 사이드의 가지와 잎은 톤 다운된 색감의 실을 사용
해서 차분한 느낌을 더했습니다.

How to make
•스티치 | 도안•

빈티지 꽃병

사용된 원단
광목 16수(내추럴)

사용된 실
DMC 25번사 : 221, 318, 414, 725, 732, 741, 754, 842, 3013, 3347, 3350, 3799, 3814, ECRU

사용된 스티치
롱 앤드 쇼트 스티치, 백 스티치, 체인 스티치, 프렌치 노트 스티치

수놓기
- 프렌치 노트 스티치는 4가닥으로 2번 감습니다.
- 잎줄기는 외곽 라인과 안쪽 라인을 수놓은 후, 면을 채웁니다.
- 영어 레터링을 먼저 수놓고 라벨의 면을 채웁니다.
- 영어 레터링은 한 땀을 약 1~2mm 정도로 촘촘히 수놓습니다.
- 줄기 위로 겹쳐지는 병 입구 라인은 가장 나중에 수놓습니다.
- 병은 라인만 수놓고, 숫자 레터링 바탕 면은 비워둡니다.

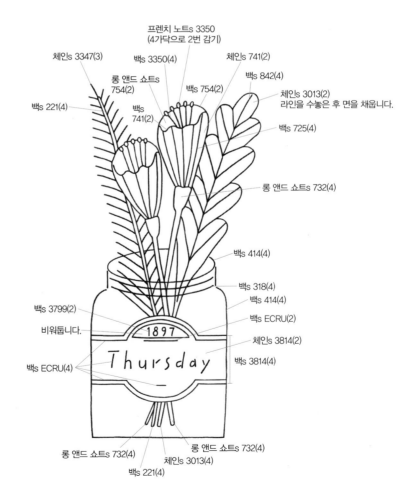

프렌치 노트s 3350
(4가닥으로 2번 감기)

체인s 3347(3)

백s 3350(4)

체인s 741(2)

롱 앤드 쇼트s
754(2)

백s 754(2)

백s 842(4)

백s 221(4)

백s
741(2)

체인s 3013(2)
라인을 수놓은 후 면을 채웁니다.

백s 725(4)

롱 앤드 쇼트s 732(4)

백s 414(4)

백s 318(4)

백s 3799(2)

백s 414(4)

비워둡니다.

백s ECRU(2)

1897

체인s 3814(2)

Thursday

백s 3814(4)

백s ECRU(4)

롱 앤드 쇼트s 732(4)

롱 앤드 쇼트s 732(4)

체인s 3013(4)

백s 221(4)

※도안 설명은 스티치→실 번호→(실의 가닥 수)로 표기했습니다.
예) 아웃라인s 437(2) : 437번 실 2가닥으로 아웃라인 스티치를 합니다.

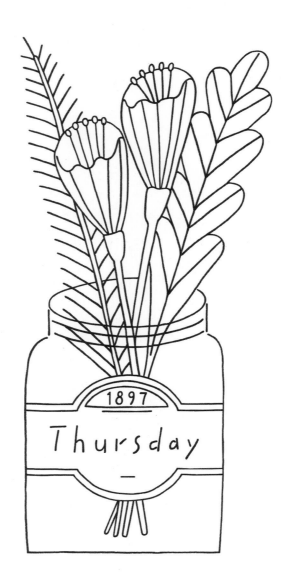

여름 꽃

꽃봉오리와 큰 잎이 포인트가 되는 꽃병입니다.
복잡하지 않은 도안과 3가지의 스티치로만 이루
어져 있어서 어렵지 않게 수놓을 수 있습니다.

How to make

• 스티치 | 도안 •

여름 꽃

사용된 원단
광목 16수(내추럴)

사용된 실
DMC 25번사 : 415, 520, 700, 732, 754, 778, 3013, 3347, 3348

사용된 스티치
롱 앤드 쇼트 스티치, 백 스티치, 체인 스티치

수놓기

• 꽃
– 먼저 라인을 체인 스티치한 후, 면을 채웁니다.
– 표기하지 않은 꽃은 모두 778번으로 수놓습니다.
• 잎 : 외곽 라인→잎맥 라인→면 순서로 수놓습니다.
• 병 : 줄기 위로 겹쳐지는 병 입구 라인은 가장 나중에 수놓습니다.

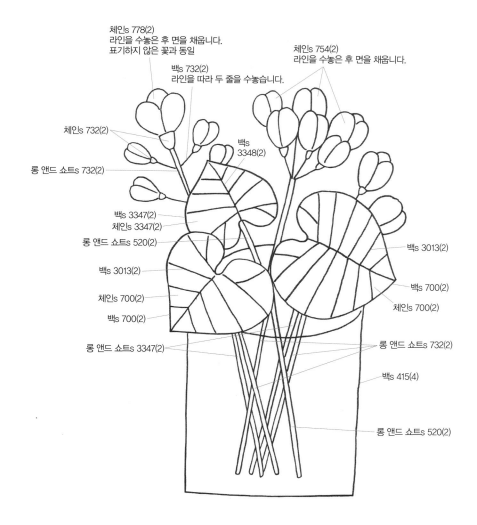

체인s 778(2)
라인을 수놓은 후 면을 채웁니다.
표기하지 않은 꽃과 동일

백s 732(2)
라인을 따라 두 줄을 수놓습니다.

체인s 754(2)
라인을 수놓은 후 면을 채웁니다.

체인s 732(2)

롱 앤드 쇼트s 732(2)

백s 3348(2)

백s 3347(2)
체인s 3347(2)

롱 앤드 쇼트s 520(2)

백s 3013(2)

체인s 700(2)

백s 700(2)

롱 앤드 쇼트s 3347(2)

백s 3013(2)

백s 700(2)

체인s 700(2)

롱 앤드 쇼트s 732(2)

백s 415(4)

롱 앤드 쇼트s 520(2)

※도안 설명은 스티치→실 번호→(실의 가닥 수)로 표기했습니다.
예) 아웃라인s 437(2) : 437번 실 2가닥으로 아웃라인 스티치를 합니다.

How to make

·스티치 | 도안·

**작지만 따뜻한 위로
일러스트 자수**

초판 1쇄 발행 2018년 7월 25일

지은이 노지혜
펴낸이 이지은 **펴낸곳** 팜파스
기획 · 진행 이진아 **편집** 정은아
디자인 조성미 **마케팅** 정우룡
인쇄 케이피알커뮤니케이션

출판등록 2002년 12월 30일 제 10-2536호
주소 서울특별시 마포구 어울마당로5길 18 팜파스빌딩 2층
대표전화 02-335-3681 **팩스** 02-335-3743
홈페이지 www.pampasbook.com | blog.naver.com/pampasbook
이메일 pampas@pampasbook.com

값 16,800원
ISBN 979-11-7026-211-4 (13590)

이 도서의 국립중앙도서관 출판시도서목록(CIP)은 서지정보유통지원시스템 홈페이지
(http://seoji.nl.go.kr)와 국가자료공동목록시스템(http://www.nl.go.kr/kolisnet)에서
이용하실 수 있습니다.(CIP제어번호: CIP2018019448)